세계박람회란 무엇인가?

세계박람회란 무엇인가?

이민식 지음

한국학술정보[주]

2010년 4월 24일 오후 저자 이민식 박사

그림 1. 국제박람회 기구 최초 로고(AI 177)

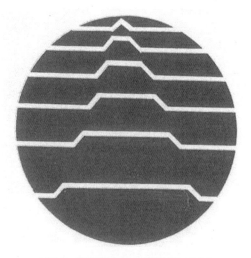

그림 2. 세계박람회의 로고(대중 20: H 34)
1970 오사카 엑스포 이후 지금까지 사용,
큰 파도-푸른색, 작은 파도-흰색임

그림 3. 프랑스 국가전람회 1788, 1801, 1806, 1834, 1844(AI 11)

그림 4. 최초의 세계박람회 - 런던 세계박람회(1851) - 하이드 파크에서(jath)

그림 5. 런던 세계박람회(1851) 중국관 (EM - Links - The Great Exposition of the Industry of All Nation, 1851 - Enter - The Displays - Plate 15)

그림 6. 처음 지은 크리스털궁을 1854년 시덴함으로 옮긴 모습(W)

그림 7. 멕코믹 곡식 베는 기계(H 4)

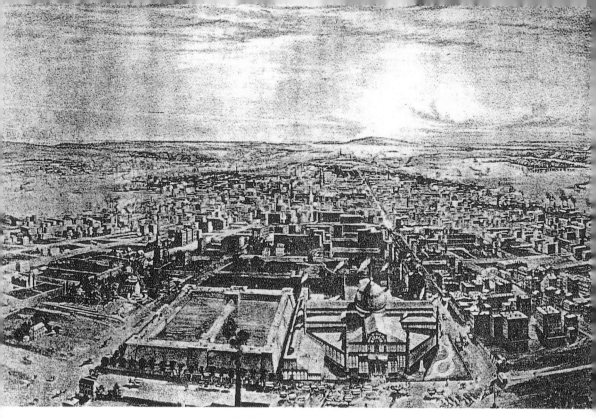

그림 8. 1853 뉴욕 세계박람회 시 왼쪽은 저수장, 오른쪽은 크리스털궁(AI 30)

그림 9.
1853 뉴욕 산업박람회 시
오티스(Elisha Graves Otis)
특허를 낸 엘리베이터를
설명하고 있다(AI 31).

그림 10.
1855 파리 세계박람회 시 파리의
M. Audot가 제작한 우아한
캐비닛(Al 33)

그림 11. 1855 파리 세계박람회 시 황금으로 Scroll 문양을 넣은 패널(Al 33)

그림 12. 1862 런던 세계박람회 시 일본의 첫 전시(AI 41)

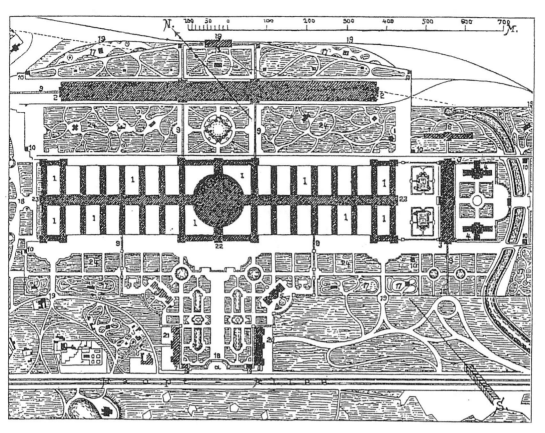

그림 13. 1873 비엔나 세계박람회 지도(Er 27)

그림 14. 1876 필라델피아 세계박람회 시 출품한 벨 전화기(AI 51)

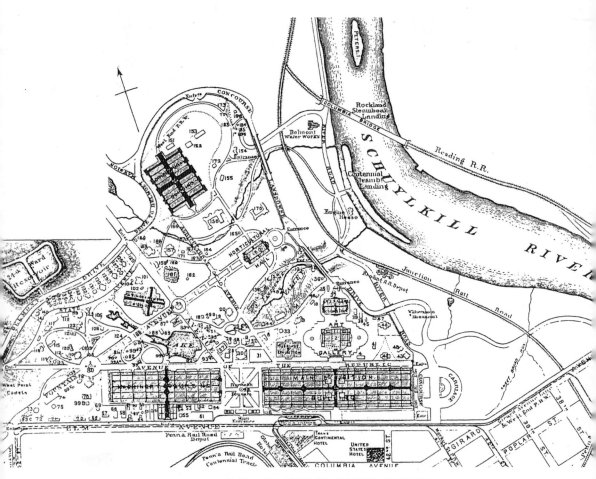

그림 15. 1876 필라델피아 세계박람회 지도(AI 52)

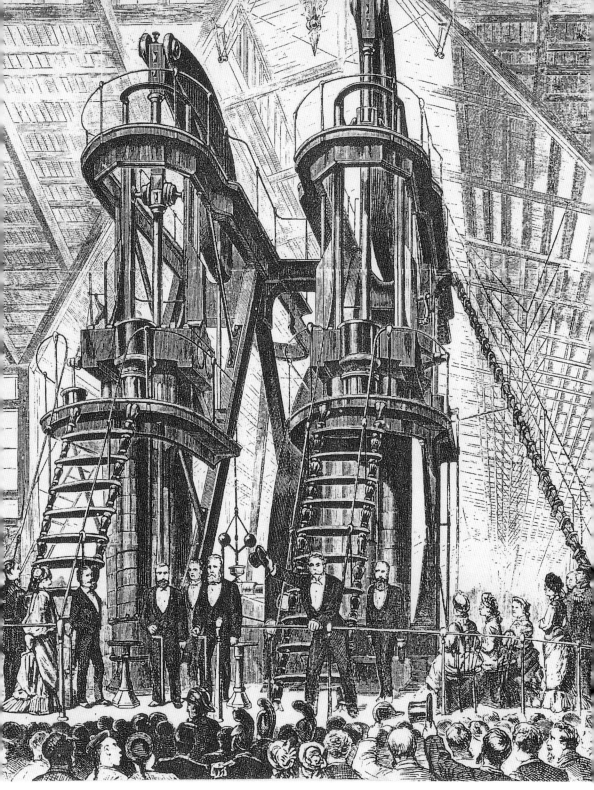

그림 16. 1876 필라델피아 세계박람회 시 Corlis 엔진.
그랜트 대통령과 브라질 황제가 첫 시동을 걸고 있는 장면(AI 54)

그림 17. 1879~80 시드니 세계박람회 개막식(Peter 152)

그림 18. 1880~81
멜버른 세계박람회(AI 69)

그림 19. 1889 파리 세계박람회 기계관에서
에디슨 축음기를 시험해 보이고 있다(AI 80).

그림 20. 1889 파리 세계박람회 시 전철(Er 84)

RAND, McNALLY & CO'S
A WEEK
AT THE
FAIR
ILLUSTRATING EXHIBITS AND WONDERS of the
WORLD'S COLUMBIAN EXPOSITION
WITH MAPS AND DIAGRAMS

그림 21. 콜럼비아 세계박람회 시 대표적 가이드 북. 필자가 원본을 소장하고 있다.

그림 22.
콜럼비아 세계박람회 회장
Thomas W. Palmer
출처: The Book of the Fair, p.70.

그림 23. 콜럼비아 세계박람회 개회식(1893. 5. 1)

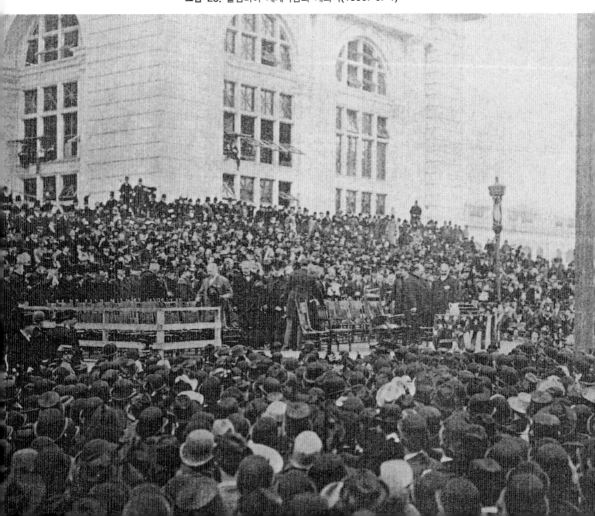

그림 24. 콜럼비아 세계박람회 제품관. 이 안에 한국관이 있었다.

그림 25.
여성부 전시관 관장
포터 팔머 부인

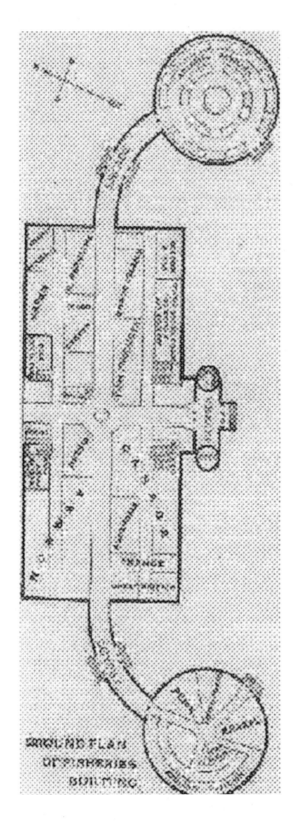

그림 26.
콜럼비아 세계박람회
어류전시관 내부 배치도

그림 27. 콜럼비아 세계박람회 박물관(인종전시관)의 그림(우측 하단 중국 배우)

그림 28. 콜럼비아 세계박람회 시 콜럼버스가 운행한 핀타호 복제품

그림 29. 콜럼비아 세계박람회 시 운행한 선박 니나호 복제품

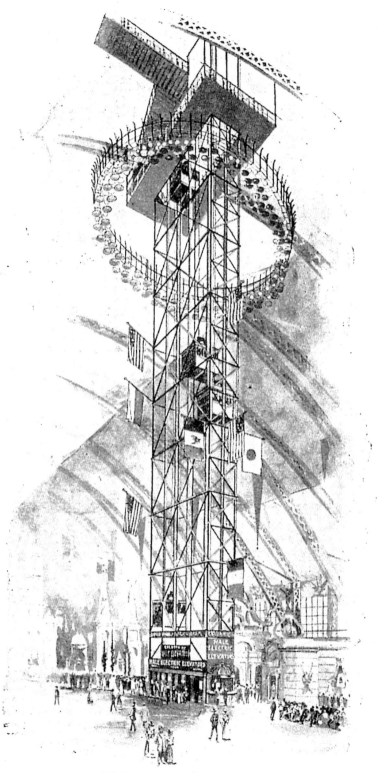

ELEVATOR TOWER
To Roof of Manufactures and Liberal Arts Building.

그림 30. 콜럼비아 세계박람회 시 기념품(제품관 내의 사진)

그림 31. 콜럼비아 세계박람회 시 회전식 관람차(Ferris Wheel)
출처: Chicago Tribune Souvenir

OFFICIAL

SOUVENIR POSTAL

WORLD'S COLUMBIAN EXPOSITION.

그림 32. 콜럼비아 세계박람회 시 기념엽서.
건물 그림은 광산물 전시관.
미국은 처음으로 그림엽서를
발행하였다(AI 89).

그림 33.
콜럼비아 세계박람회 시
호두나무로 만든 코끼리(AI 87)

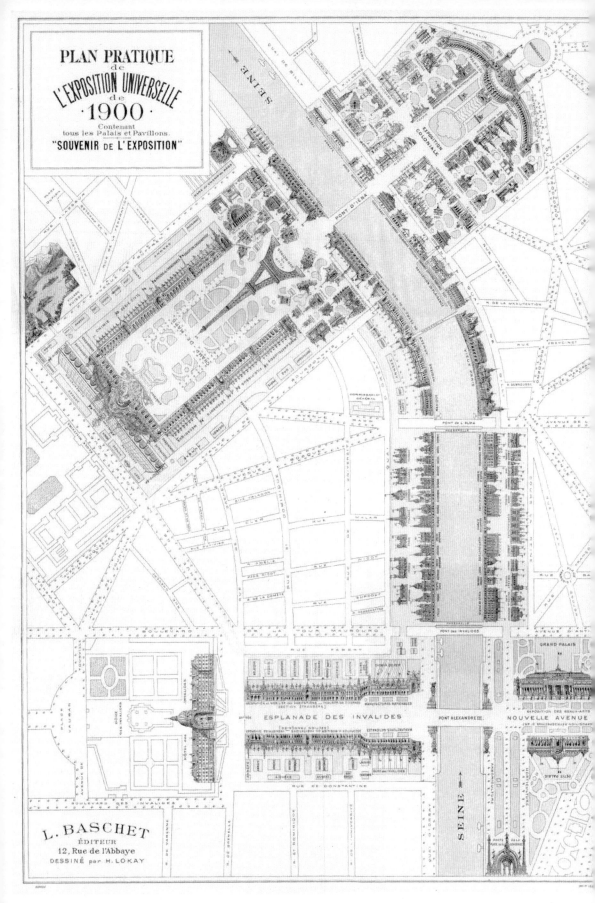

그림 34. 1900년 파리 세계박람회 지도(W)

그림 35. 1900 파리 세계박람회 전경(w)

그림 36. 1900 파리 세계박람회 한국관의 한국인 활동 모습
출처: Corea of 1900 Paris Exposition eBay. ca: KOREA - COREE - EXPOSITION OLD FLAG COREA - 1900bjet…

그림 37.
00 파리 세계박람회 시 빛을
발산하는 전기관(Al 72)

그림 38.
영일박람회 시 우리나라
전시관(Da 56)

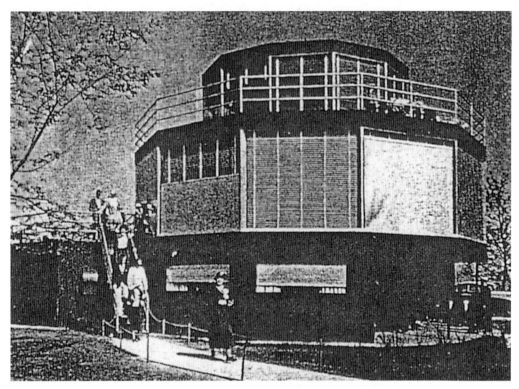

그림 39. 1833~34 시카고 세계박람회 시 미래의 집(Er 165)

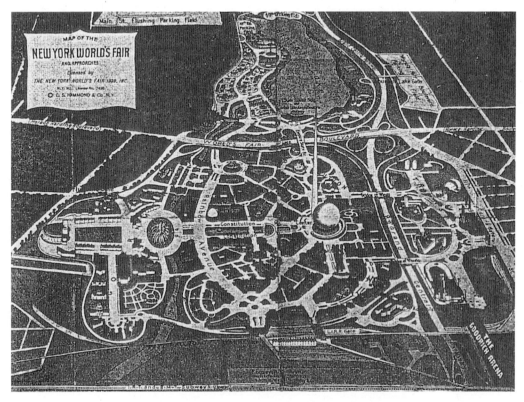

그림 40. 1939~40 뉴욕 세계박람회 전시관 배치도(Er 193)

그림 41.
1939~40 금문 국제
박람회 시 전시장의
모습(W). 샌프란시스코의
2개 교량인 샌프란시스코
－오크랜드교(1936)와
금문교(1937) 건설을
기념하기 위하여 연 세계
박람회이다.

그림 42. 1939~40 금문 국제박람회 시 자동차 전시(AI 149)

그림 43.
브뤼셀 박람회의
상징 아토미움(Atomium)(W

그림 44.
1958 브뤼셀 세계박람회,
소련은 레닌상을 소련 전시 ?
안에 세워 두었다(AI 155).

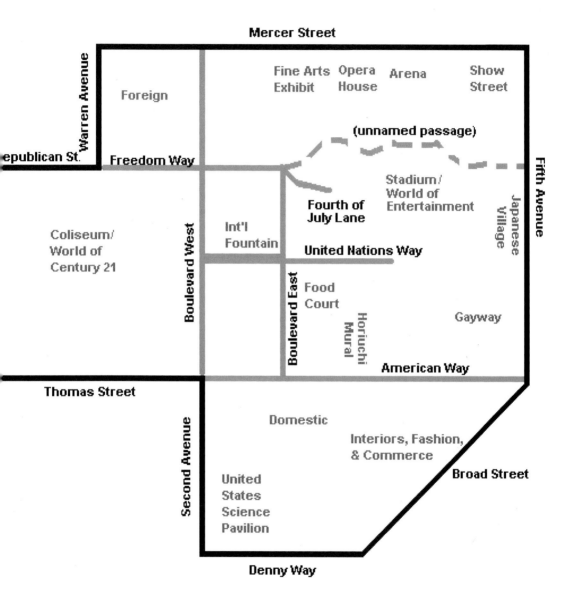

Mercer Street

Warren Avenue

Foreign

Fine Arts Exhibit   Opera House   Arena   Show Street

Republican St.

Freedom Way

(unnamed passage)

Fifth Avenue

Fourth of July Lane

Stadium/ World of Entertainment

Japanese Village

Coliseum/ World of Century 21

Boulevard West

Int'l Fountain

United Nations Way

Boulevard East

Food Court

Horiuchi Mural

Gayway

American Way

Thomas Street

Second Avenue

Domestic

Interiors, Fashion, & Commerce

Broad Street

United States Science Pavilion

Denny Way

그림 45. 시애틀 세계박람회 지도(W)

그림 46. 시애틀 센터의 시애틀 세계박람회장(21세기의 박람회장)(E)

그림 47. 시애틀 세계박람회의 모노레일. 시속 60마일. 다운타운에서 박람회장까지 걸리는 시간 96초(E)

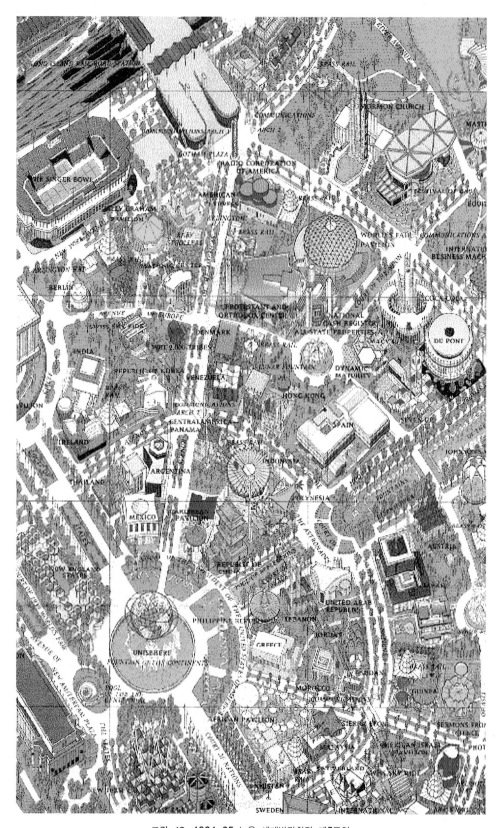

그림 48. 1964~65 뉴욕 세계박람회장 제5구역
출처: New York 1964 World's Fair-Map-Map Part 5

그림 49.
뉴욕 세계박람회 시
미국고무회사 창작
회전식 관람차(H 9

그림 50. 몬트리올 성헬렌 섬 박람회장. 세계박람회가 끝나자 소련과 체코슬로바키아 전시관은 즉시 철거, 냉전의 단면이
보인다. 다른 전시관은 대부분 1980년대 중반까지 존속. 라 론드 공원은 지금까지 영업을 계속하고 있다.
출처: Expo 67 – Montreal World's Fair – maps – Ile St. Helene. Expo 67 – Wikipedia the free encyclopedia

그림 51. 몬트리올 세계박람회 시 한국관.
장방형의 목제 전시관이었다.
출처: Expo 67 - Montreal World's
Fair - maps - Ile St. Helene - Korea.
Expo 67 - Wikipedia the free encyclopedia

그림 52.
샌안토니오 세계박람회의
미 대륙의 탑(Ho)

그림 53. 오사카 엑스포 전경(대 70 앞 화면)

그림 54. 1970 오사카 세계박람회 태양탑(EM)

그림 55. 1970 오사카 세계박람회 Time Capsule(W)

그림 56. 1970 오사카 세계박람회 Festival Plaza(EM)

그림 57.
오사카 엑스포 시
한국전시관(대 70 앞 화면)

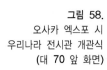

그림 58.
오사카 엑스포 시
우리나라 전시관 개관식
(대 70 앞 화면)

그림 59.
스포케인 세계박람회 로고(74)
녹색(좌)＝지구, 흰색(상)＝공기, 하늘색(하)＝물

그림 60. 1982 녹스빌 세계박람회 상징탑인 선스페어(대 82 표지)

그림 61. 1982 녹스빌 세계박람회 개막식(대 82 앞 화면)

그림 62. 1982 녹스빌 세계박람회 한국관(대 82 앞 화면)

그림 63. 1982 녹스빌 세계박람회 한국의 날 기념행사(대 82 앞 화면)

그림 64.
1982 녹스빌 세계박람회
한국의 날 공식 행사
(5월 18일)
(대 82 앞 화면)

그림 65.
1984 루이지애나
세계박람회 마스터플랜(N)

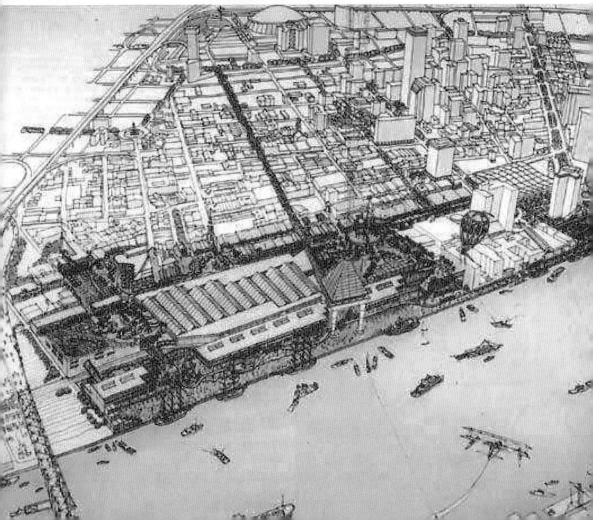

Louisiana World Exposition, Inc.
is pleased to announce that

France

will participate in the
1984 Louisiana World Exposition

그림 66. No. 51. 1984 루이지애나 세계박람회 프랑스 참가 인정서.
참가 인정서인데 태극기가 특이하게 눈에 띈다(N).

그림 67. 츠쿠바 엑스포시 우리나라 심벌마크(대 85 표지, 63)

림 68. 츠쿠바 엑스포 시 한국관(대 85 앞 화면)

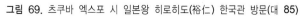

그림 69. 츠쿠바 엑스포 시 일본왕 히로히도(裕仁) 한국관 방문(대 85)

그림 70. 벤쿠버 엑스포 시 찰스 황태자와 다이애나비 모습
출처: Diana's Pearl Necklaces, dianasjewels.net/pearl necklaces.htm

그림 71. 1986 밴쿠버 세계박람회 지도
출처: EXPO 86……Statistics 한국관은 서쪽 Yellow Zone 3에 위치

그림 72. 밴쿠버 엑스포시 우리나라 전시관(GK)

그림 73. 1998 리스본 세계박람회 상징탑
바스코 다 가마탑(대 98 앞 화면)

그림 74. 1998 리스본 세계박람회 국제관(EM‐Links Lisbon World Fair Expo '98)
한국관은 북문 입구 중국관 입구에 자리 잡고 있었다.

그림 75. 1998 리스본 세계박람회 한국관 내부 II(EM‐Links Lisbon‐World Fair Expo '98)

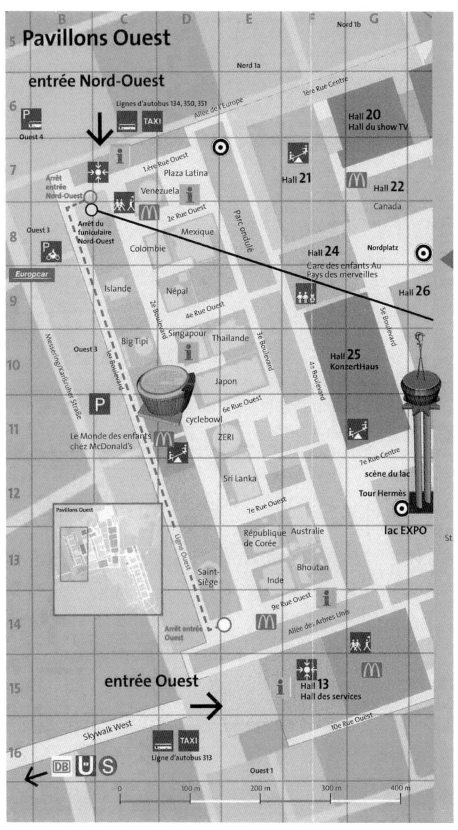

그림 76. 2000 하노버 엑스포 지도 - 임시독립관 서쪽구역에 한국관 위치 명시
(EM-Hanover Expo-Links-Expo 2000-retrospetive site in France-Plans Du Site De L'Expo)

그림 77. 하노버 엑스포 시 한국의 날 행사(대 20 62)

그림 78. 하노버 엑스포 시 한국전시관(대 20 31)

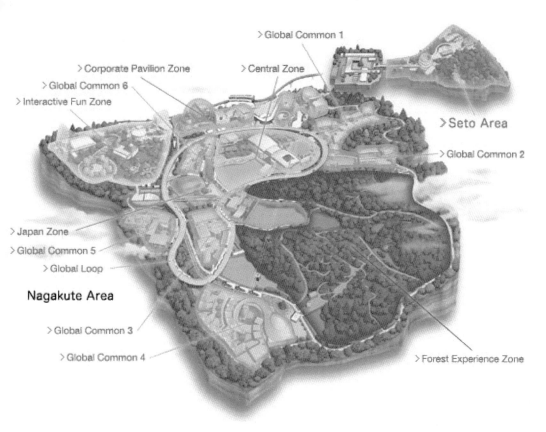

> Global Common 1

> Corporate Pavilion Zone
> Central Zone

> Global Common 6
> Interactive Fun Zone

> Seto Area

> Global Common 2

> Japan Zone
> Global Common 5
> Global Loop

Nagakute Area

> Global Common 3

> Global Common 4

> Forest Experience Zone

그림 79. 2005 일본 국제박람회 사이트   http://www.expo2005.or.jp/en/venue/index.html

그림 80. 2005 일본 국제박람회 한국관   http://www.expo2005.or.jp/en/nations/1j.html

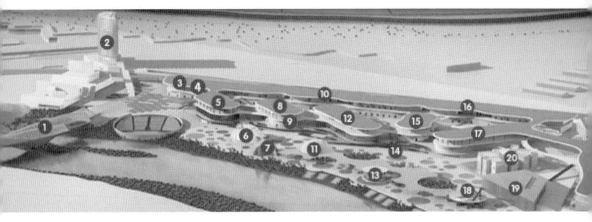

그림 81. 사라고사 엑스포 각국 전시관의 위치, 한국관 – ⑯에 위치
http://www.expozaragoza2008.es/Therecint/Pavilions/seccion＝677&idioma＝en_GB.do

그림 82. 사라고사 엑스포 한국관 전경(주간)
http://www.koreapavilion.or.kr/zep/kopavilion/view.jsp?left_menu_gbn＝2

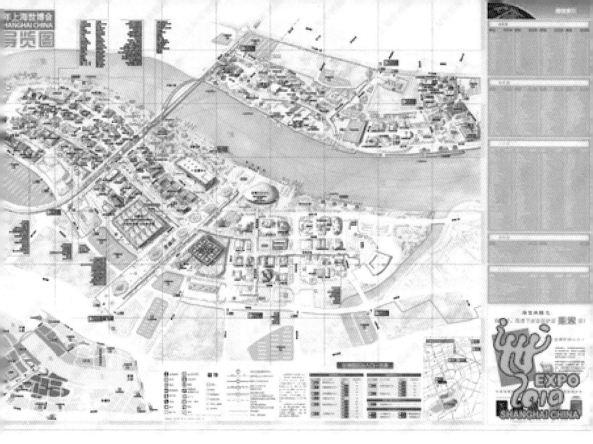

그림 83. 상하이 세계박람회 지도
출처: 中國2010上海世博會 홈페이지

그림 84. 상하이 세계박람회 한국관.
출처: 中國2010上海世博會 홈페이지

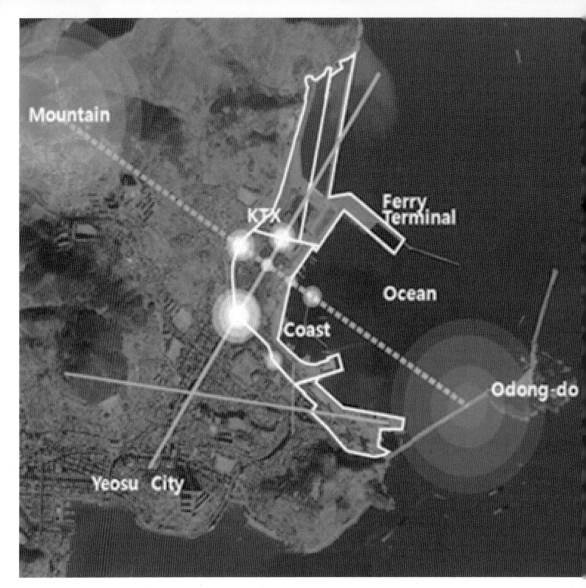

그림 85. 2012 여수 세계박람회 마스터플랜 - 여수 세계박람회장 조성원칙
출처: 2012 여수 세계박람회 홈페이지(2010. 2. 9)

그림 86. 2015 밀라노 세계박람회 로고(EM)
(EM - Milano Links - Milano Expo 2015 - Official bid site

그림 87. 2015 밀라노 세계박람회 마스터플랜(EM)

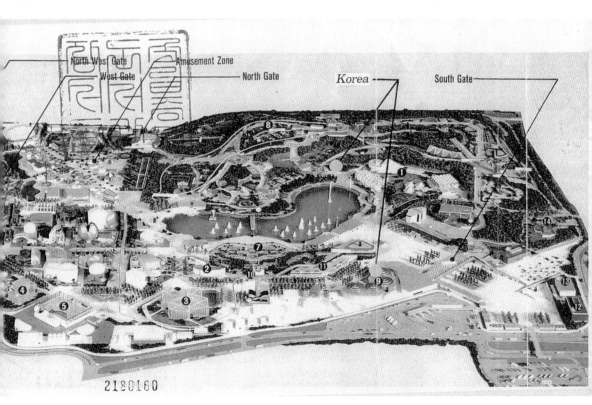

그림 88. Expo '90 오사카 국제꽃과 녹음박람회장 지도
출처: 『Expo '90 오사카 국제꽃과 녹음박람회 박람회』(농수산물유통공사, 1990), p.1.

한국의 정원
韓國の庭園

5천년문화의 향기
五千年文化の香り

大韓民國

그림 89. Expo '90 오사카 국제꽃과 녹음박람회 한국의 정원
출처: 『Expo '90 오사카 국제꽃과 녹음박람회 박람회』(농수산물유통공사, 1990), p.193.

그림 90.
Expo '90 오사카 국제꽃과 녹음박람회
호스티스. 꽃 motif를 두른 드레스가
눈에 돋보인다(H 215)

그림 91.
Venlo의 대형 국제박람회 지도
http://www.floriade.nl/en‐GB/
Het‐park/Plattegrond.aspx

:::: 다시 책을 내면서

> 세계박람회는 그 타이틀과 상관없이 공공 교육의 원리적 목적을 발현하는 것
> 이나, 문화의 요구로 만나거나, 인간노력의 결정으로 성취된 진보를 증명하거나,
> 미래의 번영을 보여주는 활동이다.

위의 글은 국제박람회기구(BIE) 규약 제1조 제1항이다. 어떤 종류의 세계
박람회이든 이 조항을 기본 정신으로 삼아 지금까지 세계 여러 곳에서 박람
회를 열고 있다.

이 규약에 의한다면 세계박람회란 교육의 발현, 문화의 욕구 충족, 진보의
성취, 미래의 번영을 보여주는 전시행위임을 알 수 있다. 그래서 이 같은 행
위를 실현하기 위하여 한 나라가 박람회에 참가하는 한이 있더라도 그 참가
국에게 불이익이 되지 않도록 주최국을 대표하는 사람의 관리하에 정한 기
간 내 문을 여는 것이다.

세계박람회가 시작된 후 세계가 전쟁과 같은 특수 상황에 처하지 않는 한
지금까지 문을 열어 왔고 앞으로도 열 것이며, 이로써 박람회를 통하여 얻
을 수 있는 가치에 대한 만족감으로 인간의 삶이 행복하여질 수 있게 될 것
이라는 것을 부정하는 사람은 거의 없다. 사실 이 같은 현상이야말로 인류
세계사에서 인간이 바라는 진정한 모습이다.

우리나라는 1893년 세계박람회에 처음 출품한 이래 지금까지 이 같은
세계사적 흐름에 당당히 합류하여 왔다. 그 결과로 우리나라는 '93 대전
엑스포를 주관하여 왔고 2012 여수 세계박람회를 또 주관하려는 준비에

한창이다.

그래서 저자도 1970년대부터 한미관계사의 한 핵심 분야인 콜럼비아 세계박람회를 공부하고 있었을 뿐이었는데도, 박람회가 우리나라에 주는 그 결과에 흥분하게 되었고, 연결 연결하여 공부를 하다 보니 전 세계박람회(全世界 博覽會) 영역에 관심을 갖게 되었다.

마침 2010 여수 세계박람회를 유치한다는 소문이 들려오기에 박람회의 성패는 '국민들의 박람회에 대한 지식과 이해'가 관건이라고 생각하고 이에 대처하는 방법으로 『세계박람회와 한국』이라는 타이틀로 2004년 전남대학교 출판부에서 출간하였으나 유치는 실패하고 따라서 저자의 뜻도 수포로 돌아가고 말았다.

그러한 사이에 저자는 『개화기의 한국과 미국 관계』를 한국학술정보(주)를 통하여 상재하면서, 내용 중에 세계박람회 관련 내용을 상당량 실었으나 이것으로써 박람회에 대한 지식과 이해는 충분할 수가 없다는 생각이 들어 전남대학교 출판부 간행 『세계박람회와 한국』을 전면 수정 보완하여 『세계박람회란 무엇인가?』라는 새 타이틀로 세상에 선을 보이게 되었다.

성공하는 박람회가 되려면 국내외의 정치적, 경제적, 사회적, 문화적 안정 속에서 많은 예산을 갖고 국민의 기대와 관심 속에서 전시관을 잘 짓고, 전시관 주변의 환경이나 교통을 정비하고, 주변의 문화를 개발하고, 심도 깊은 홍보를 펴야 한다.

그러나 박람회를 관리하는 국가나 국민이 박람회에 대한 지식과 깊은 이해 없이 여는 박람회는 성공하는 박람회가 되기 쉽지 않다. 하나의 예를 든다면 외국 손님들이 많이 올 텐데, 그들의 욕구 충족을 채워 줄 수 있는 것은, 박람회 내용이나 지식에 대한 질문을 관리하는 소속 국민 누가 받았을 때, 친절한 답변을 들려준다면 그들은 관람의 보람을 느낄 뿐만 아니라 대한민국에 대한 좋은 이미지를 갖고 돌아가지 않겠는가? 이것이 복잡하고 난해한 이론을 연구하거나 주장을 늘어놓지 않더라도, 고용 창출이나 부가가치를 극대화하는 좋은 방법의 하나가 되지 않겠는가?

그래서 이 책이 여러분에게 조금이라도 도움이 될 수 있다면, 저자로서 더 이상의 보람은 없을 것이라고 생각한다.

2010년 1월 31일
서울에서 이민식 씀

머리말 :::

영광의 코트 구석구석마다 쿠두이양이 낭독하는 크로푸트작 '예언'이 울려 퍼지고 있다.

> "콜럼버스는 어두운 서쪽 대양으로 넘어가는 달을 슬프게 쳐다보고 있도다.
> 낯선 새들이 돛대 주위를 맴돌고 이름 모를 꽃들이 정처 없이 흘러가는 배 주위에 떠다니도다.
> 산타마리아호가 어두움을 뚫고 강한 바람에 흔들리고 있고
> 성난 파도는 범선(凡船)을 때리고 있도다."

라라비다 수도원에서 떠나온 산타마리아호, 니나호, 핀타호에서 들려오는 트럼펫 소리가 금방이라도 들리는 듯 소녀의 목소리는 군중의 마음을 사로잡는다. 한국인 정경원 출품대원과 이승수 참무관도 소녀의 고운 목소리를 음미하면서 조용히 자리에 앉아 경청하고 있다. 정경원과 이승수에게는 모든 것이 새롭고 처음 보는 신비스러운 것뿐이다. 1893년 5월 1일 콜럼비아 세계박람회의 개막식에 있었던 한 장면이다.

세계박람회는 한 시대 문화의 축소판이다. 그러므로 세계박람회는 역사의 발달에 따른 인류문화의 양태(樣態)를 이해하는 데 꼭 필요한 수단이다. 공교롭게도 세계박람회는 미국을 비롯하여 영국, 프랑스, 일본 등 선진국들이 많이 주관하였다. 이는 세계 사상 세계박람회 개최국은 문화의 선진국임을 의미한다. 우리나라는 콜럼비아 세계박람회에 처음 참가한 이래 '93 대전 엑스포를 주관하였다. 나아가 2010년 여수 세계박람회를 유치하려 한다.

이제 우리나라는 2012년 개최 예정인 세계박람회 등 유치에 전력을 쏟고 있다. 이 같은 일이 헛되지 않게 하기 위하여 '돕는 입장'에서 이 연구물을 내놓는다. 강호제현의 사랑과 세계박람회에 관련한 분이나 관심 있는 분들의 사랑과 건투를 빈다.

2004년 4월 25일

강남 서재에서

차례 ⣿

1. 세계박람회와 국제박람회기구

1) 세계박람회의 표기

누구에게나 "세계박람회(世界博覽會)가 무엇인가?"를 물어보면 에펠탑(Eiffel Tower)이나 회전식 관람차(Ferris Wheel)를 머리에 떠올릴 것이다.[1] 박람회라는 말은 ① Exposition, ② Exhibition(1851 런던 세계박람회 때부터 표기), ③ Universal Exposition, ④ World's Exposition, ⑤ Expositions Universalle, ⑥ Expo, ⑦ World Fair, ⑧ International Exposition, ⑨ 萬國博覽會[2] 등 여러 가지 말로 표기한다.

이 중에서 가장 많이 쓰는 말이 영어의 Expo, 프랑스어의 Expositions Universalle이다. Expo라는 말은 67 몬트리올 세계박람회(Montreal Expo 67: Universal and International Exhibition) 때부터 사용하기 시작하였다. 공식으

---

[1] 에펠탑은 상송(Raul Grimoin - Sanson: 1900년 파리 세계박람회 때는 Lumie 형제가 상연)이 영화를 처음 상영하였던 1889년 파리 세계박람회 때 에펠(Alexandre - Gustave Eiffel)이 건립하였다. 회전식 관람차는 콜럼비아 세계박람회(Chicago World's Columbian Exposition) 상징물로 조지 워싱턴 페리스(George Washington Ferris)가 만든 것이다. 회전식 관람차는 지름이 250ft이며, 60명 정도를 태울 수 있는 car가 36개, 수송인원이 2,160명, 한 바퀴 도는 시간이 20분, 종사원이 60명, 건물가가 35,000$이었다.

[2] 이민식, 『개화기의 한국과 미국 관계』(한국학술정보(주), 2009), p.606.
① 은 1649년부터 표기(Kenneth Luckhurst의 주장), ②는 1851년 런던 세계박람회 때부터 표기, ③ 은 1855년 파리 세계박람회 때부터 표기, ④는 1893년 콜럼비아 세계박람회 때부터 표기, ⑤는 1900년 파리 세계박람회 때부터 표기, ⑥은 67 몬트리올 세계박람회부터 표기, ⑦은 1982년 녹스빌 세계박람회 때부터 표기하였으나 테니슨이 1851년 런던 세계박람회를 이같이 표기하기도 하였다. 그러나 1991~1993년간 국제박람회기구 회장을 역임하였던 알렌(Ted Allen)은 World Fair라는 말은 공식적으로 쓰지 않는다고 공표하였다. 그러나 녹스빌 세계박람회를 World Fair라고 한 것은 국제박람회 뜻을 어기고 쓴 것이며 루이지애나 세계박람회는 국제박람회기구가 엑스포라고 하지 않았기 때문에 쓴 것이다. ⑧은 Robert Chalon(1981), John Allwood, Burton Benedict(익스히비션이나 Fair와 구분하여 써야 한다고 함)가 쓴 것이다. ⑨는 Expo '70 일본만국박람회 때 표기.

로 사용하게 된 것은 98 리스본 세계박람회(Lisbon World Exposition 1998: EXPO '98 Lisbon) 총무 쿤하(António Cardoso e Cunha)에 의하여서이다.[3] 순전히 상업과 관련시켜 사용한 말이었다.[4] 어떻든 지금 통용되는 세계박람회는 'Expo'라고 한다. 그런데 우리는 Expo라는 이름하에 행사를 치르는 장면을 주변에서 자주 목격한다. 이 같은 행사를 두고 Expo라고는 하지 않는다. 이것은 지방의 주말장터(weekend appliance sale at the local shopping)에 불과한 것이다.[5] Expositions Universalle는 지금까지 써 왔는데 1994년 프랑스 문화부 장관이 이 말의 사용을 공포하였다.[6]

2) 세계박람회의 의미

세계박람회란 세계 인류가 이룩한 모든 문화양태의 축소판이다. 따라서 시대의 변화에 따라 세계박람회는 변한다. 그러므로 세계박람회는 한 시대의 희망과 야망을 제시하여 준다. 오늘날 TV나 인터넷 발달로 새로운 정보를 얻을 수 있기 때문에 세계박람회는 무용지물이라고 하는 이도 있다. 그러나 TV나 인터넷이 지구촌 보이지 않는 곳을 샅샅이 찾아다니면서 모든 정보를 다 제공하여 주지는 않는다. 이에 비추어 보면 세계박람회는 세계적 조직기구 지도하에 어느 곳이든 한마당에 모여 펼쳐지는 세계인의 잔치이기에 알지 못하는 다양한 정보를 제공하여 준다. 그러므로 세계박람회는 올림픽 월드컵과 똑같이 세계3대 행사이다.

성경에 아하에로스 왕(페르시아의 크세르크세스 왕)이 사람을 초청하여 180일 동안 전시를 하였다는 기록이 보이고 로마시대는 종교적 행사가 있는 휴일에 페스티벌을 열었으며 중세시대는 종교나 예술적 행사는 물론 십자길이나 극장에서 전시회를 열었지만 세계박람회의 효시는 1700년 런던자선학교 공공 전시회이다. 그 후 1754년에 조직된 영국예술가협회가 연 1760

---

3) Alfred Heller, *World's Fairs and the End of Progress*(World's Fair, Inc., 1999), pp.31~32.

4) *Ibid.*, p.32.

5) *Ibid.*, p.32.

6) *Ibid.*, p.31.

년 박람회이다. 1761년에도 전시회(show)를 열었다. 최초의 세계박람회는 런던 세계박람회이다. 마지막 연 세계박람회는 2008 사라고사 세계박람회이다 (2010년 1월 현재).

우리나라에 처음으로 세계박람회가 소개된 것은 1884년 2월 21일(음)자 한성순보 제15호에 런던 세계박람회에 대하여 짤막하게 소개한 것이 처음이다. 그 후 유길준이 1895년 서유견문에서 세계박람회에 대하여 소개하였다.[7]

세계 각국의 기예와 공작이 나날이 더해지고 다달이 발전하여, 새로 나오는 각종 물품을 헤아릴 수도 없게 되었다. 지난날에는 희귀한 진기(珍器)로 귀중하던 것이 이제는 낡은 편에 속하게 되었고, 어제는 편리한 기구로 불리던 것이 오늘은 일상적인 물건으로 되어 버렸다. 이런 이유로 서양 여러 나라의 대도시에는 몇 년에 한 번씩 생산물대회를 열고 세계에 널리 알린다. 각국의 천연자원 및 사람이 만든 명산품이라든가, 편리한 기계나 고물 및 진품들을 수집하여 모든 나라 사람들이 구경하도록 하는 것이다. 이를 가리켜 박람회라고 한다.

우리나라는 단군시대부터 박람회에 관여하여 왔다. B.C. 2205년 단군이 아들 부루(扶婁)를 하(夏)나라 임호부 종이현 서편에 위치한 도산회(途山會)에 보낸 것이 그러한 것이다.

서력 긔원전 이천이빅오년애 태ᄌ 부루(扶婁)를 하우씨 도산(途山)회에 보내다 도산은 지나 임호부 종이현 셔편에 잇다ᄒᄂ니라 - 오성근의 대한력ᄉ[8]

이에 대하여 세계박람회 한국의 선구자인 정경원은 다음과 같이 말하였다.[9]

하(夏)의 우(禹)가 도산(途山)에 모일 때 만국에서 구슬과 비단을 모았다. 우리나라의 단군은 아들 부루(扶婁)를 도산에 보냈다. 그 시기는 확실치 않다. 이때 물품을 모은 행사를 박람회라고 아니 하지만 9개의 솥과 그림을 한자리에 모았다고 좌씨전(左氏傳)에 전한 바가 있는 것을 보더라도 박람회임을 부정 못 한다.

---

7) 유길준 저, 허경진 역, 『서유견문 도서출판』(서해문집, 2004), pp.469~470.

8) 오성근, 『대한력ᄉ』(아세아문화사, 1977), p.1.

9) 정경원 원저, 이민식 역, 『콜럼비아 세계박람회와 한국』(백산자료원, 2006), p.222.

박람회에 한국인으로서 처음으로 관람하였던 사람은 보빙사 민영익이다. 민영익은 1883년 보스턴 박람회를 관람하고 도자기 화병 주전자 등 갖고 있었던 물건 몇 점을 비공식적으로 출품하였다.[10] 우리나라가 공식적으로 출품하기 시작한 것은 1893년부터이다.

3) 최초의 세계박람회

① 세계박람회의 효시

세계박람회 이전 박람회 형태는 국가 박람회 형태로 열렸다. 주요 나라는 다음과 같다.[11]

국가명	연대
영국	1700, 1754 - 예술가협회 조직, 1760, 1761, 1820, 1837
프랑스	1797, 1801, 1806, 1819, 1823, 1827, 1834, 1839, 1844, 1849
독일	1824~1845
스위스	1837~1848
벨기에	1835~1850
포르투갈	1844~1849
스위스	1827, 1850
뉴욕과 워싱턴	1828~1844

② 최초 세계박람회 - 1851 런던 세계박람회
③ 마지막 세계박람회 - 2008 사라고사 세계박람회(2010년 1월 현재)
④ 우리나라 처음 출품 - 1893 콜럼비아 세계박람회
⑤ 우리나라 처음 주최국이 된 세계박람회 - '93 대전 Expo[12]

---

10) 이민식, 위의 책, p.178.

11) John J. Flinn, *Official Guide to the World's Columbian Exposition*(Chicago: The Columbian Guide Company, 1893), pp.257~262.

12) 이민식, 앞의 책, p.608.

4) 국제박람회기구와 규약

1930년대 이전 세계박람회는 규모에 관계없었으나 일반적으로 규모가 크고 자국의 전시관을 디자인하여 짓고 5~6개월간 전시를 하였다. 이 같은 형태는 1960년대 초에 다시 부활되었다.

그러나 런던 세계박람회 이후 1867년 헨리 콜(Henry Cole)과 외국 대표 5명이 파리에서 빈도 기간, 출품 등급, 개최 장소(각국 수도에서 로테이션) 등에 대한 박람회 문서를 만들었다. 그래서 박람회의 규모가 크지 못하였다. 그러나 빈번히 박람회가 열리었다. 국제박람회에 대하여 제한하여야 할 필요성을 느끼게 되었다. 박람회 횟수의 규제 필요성을 느끼면서 박람회의 질을 높이고 재정적 어려움을 해소하며 외교적 실익을 얻기 위하여 제한할 필요를 느꼈다. 그래서 1902년 프랑스가 시도를 처음 하였다. 1908년에는 브뤼셀(Brussels)에서 각국이 모여 동맹체를 구성하여 통제하였다. 그러나 통제가 어려워지자 1912년에 베를린에서 16개국이 모여 회의를 열었으나 1914년 세계 제1차 대전의 발발로 실효를 거두지 못하고 1928년까지 내려왔다. 그러나 프랑스 외 5개국은 1928년까지 지속적 활동을 하였다. 1928년 11월 22일 43개국이 파리에 모여 박람회 협약(Convention Regarding International Exhibitions)을 만들고 국제적 협의기관인 국제박람회기구(Bureau des International Expositions, 로마자: Bureau of International Expositions, 약자: BIE)를 조직하였다. 1931년 1월 17일 박람회의 카테고리의 빈도를 정하고 질적으로 더 좋은 박람회를 개최하기 위한 국제법(International Law)으로 만들어졌다.

그러나 국제박람회기구는 양차 대전 사이에서 제구실을 하지 못하였다. 예를 들면 국제연합의 시녀가 되었다. 빅토르 위고(Victor Hug)는 국제박람회기구는 프랑스 정부에 이용당하여 국제적 접촉을 대행하여 주는 일을 해왔다고 악평하였다.[13] 또한 1936년 제1대 국제박람회기구 총무 아이삭(Maurice Issac)도 "오랫동안 세계박람회는 자국이 정한 규약을 따랐다. ……

---

13) Finding and Pelle. *Historical Dictionary of World's Fairs and Exposition, 1851－1988*(New York: Greenwood Press, 1990) p.373.

자국의 법이 세계박람회의 모든 출품에 적용되어 왔다. 자국법은 국제박람회기구의 규약이 참여국들의 공동 목표 달성에 두지 않았다. 여러 나라가 다만 참여하는 행사에 불과하였다. ……1928년 11월 22일 협약은 바꾸어야 한다."라고 불만을 토로하였다.[14]

당시 국제박람회기구는 겨울과 여름에 참가국과 접촉하여 집행 예산 규정 정보 등에 대하여 1주일 정도 기간에 정하였다. 이 내용에 대하여 국제박람회기구는 각국의 조직위원장의 보고를 듣고 국제박람회기구 의장에게 보고를 하였다. 박람회 개최국 관계자나 옵서버들이 파리 국제박람회기구로 오는데 이들은 모두 박람회 관련 전문인들뿐이었다.

박람회 규정은 1948년 5월 10일, 1966년 11월 6일, 1972년 11월 20일, 1982년 6월 24일, 1988년 5월 31일, 1996년 수정하였다. 수정의 방향은 변하는 세계정세에 맞추어 박람회의 규모를 대형화하는 것들이었다. 비용은 자국의 메커니즘에 의하여 조달하는 방향으로 수정하였다. 박람회 종류는 종합박람회(지금의 등록박람회에 해당) 카테고리1(종합박람회)과 2(전문박람회)가 있었다. 카테고리1은 참가국 자비로 전시관 건설을 할 수 있는 종합박람회이며 카테고리2는 자국의 전시관을 갖지 않고 주최국에서 전시관을 건설하여 주는 전문박람회였다. 카테고리1과 2는 바꿀 수도 있었다.

1972년 수정안은 개최 기간을 10년으로 정하였다. 그러나 국제화 전문화 카니발화 상업화에 밀려 2년 만에 폐기하였다. 이때 박람회는 회기가 30~70일이었다.

그런데 박람회 개최 기간이 무질서하여 박람회의 구분이 모호하여지자 1988년 개정협약을 만들어 등록박람회(대박람회)와 인정박람회(소박람회: 전문박람회)로 대분하고 엑스포의 성격, 주최국의 의무사항, 개최규모, 개최횟수 등을 규정하였다. '93 대전 엑스포는 규정개정의 과도기에 처음에는 구

---

14) http:www.bie-paris.org/site/index.php(BIE History-Fabruary 8, 2010)
   For a long time, international exhibitions followed no other rule than that laid down by the country in which they were organized. [……] The internal law of the country was alone in governing each event. An exhibition was international, not because its rules of organisation were deliberated jointly by countries pursuing a common cause, but for the mere fact that different countries took part in it. [……] The Convention of November 22nd, 1928 changed this situation.

규약에 의하여 전문박람회를 열려고 하였으나 개정협약에 의하여 인정박람회로 바꾸어 개최하였다. 1996년에 새 규약을 정하여 2000년 이후부터는 5년마다 등록박람회를 열고 그 사이 1회만 인정박람회를 열도록 규정하였다. 등록박람회는 1988년 개정안에 의거하여 집행위원회의 건의에 따라 포괄적인 주제를 갖고 회장의 넓이에 제한을 받지 않으며 참가국이 전시관 건설 또는 임차하여 6주~6개월간 여는 박람회이고, 인정박람회는 25ha 회장의 한도 넓이 내에서 생태, 기상, 바다, 산, 숲, 사냥, 어로, 곡류, 목축, 양어, 원자 화학 의약 산업, 육지수송, 화물수송, 자료, 도시계획, 주택, 오락, 고고학 등 구체적이고 전문적인 주제를 내걸고 3주~3개월간 주최국의 전시관 부여로 개최하도록 되었다. 특이한 것은 제4조 B항에 따라 특수전문박람회를 규정하여 놓고 있다. A-1 화훼박람회, 밀라노 트리엔날레 박람회 등이 이에 속하는 박람회이다.[15)]

그러나 주목이 되는 것은 등록박람회와 인정박람회 간의 규모의 차이는 약간 있으나 그 우열은 없고 그 성과는 똑같다고 달리 생각하는 사람이 있다는 것이다. 그와 같이 생각하는 사람은 세계박람회의 권위 헬러(Alfred Heller)이다. 그는 이에 대하여

> 등록박람회는 보편적 또는 전문적 이벤트인가를 구분하지 않고 2000년부터 5년마다 열리는 박람회를 말한다. 등록박람회 사이에 한 번 열리는 인정박람회는 등록박람회보다 못하지 않다고 생각한다. 양자의 차이는 차별성을 찾을 수 없었던 과거의 단순한 대박람회 소박람회라고 생각된다.[16)]

라고 하였다. 1998년 리스본 세계박람회는 인정박람회였으나 1851년 런던 세계박람회 이후 규모 면에서 큰 세계박람회였음을 상기하여 보면 이해가

---

15) 이민식, 앞의 책, pp.612~615.

16) Heller, *op. cit.*, p.34.
원문은 다음과 같다.
   They will "register" one event every five years after the year 2000, without distingction between universal and specialized events. Simple – if you don't count "recognized" expos, one of which may occur between each registered expo, not to speak of the other exceptions mentioned below! It sounds to me like the old big fair/small fair system.

된다.

우리나라는 1987년 5월 15일 국제박람회기구 회원국이 되었다. 현재 회
원국은 156개국이다(2010. 01. 11 현재).

5) 세계박람회 로고

 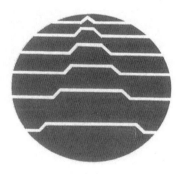

그림 1. 1929년 제정한 옛 로고(AI 177).

그림 2. 세계박람회의 로고(대중 20: H 34)
1970 오사카 엑스포 이후 지금까지 사용,
큰 파도-푸른색, 작은 파도-흰색임

세계박람회의 로고(기)는 1929년 만들어 사용하여 오다가 1970 오사카 엑
스포 때 새로운 로고를 만들어 현재까지 사용하고 있다. 1969년 11월 국제
박람회기구 관리자위원회 총회에서 디자인 공모를 한 결과 47개 응모작품
중에 일본 학생 마쓰시마(Masanori Matsushima)의 것을 선정하여 사용하고
있는 것이다. 둥근 원은 우정, 원내 파도는 휴머니티의 전진, 푸른색은 우주
의 개척, 흰색은 정의를 상징화한 것이다.

세계박람회의 로고에는 진실(Truth) 연대(Solidarity) 진보(Progress)에 대한
중요한 가치가 담겨 있다. 진실은 1928년 박람회 규약을 준수하면서 인간의
휴머니티를 향상시키고 여러 다양한 문화를 접할 수 있도록 하는 것이다.
이를 위하여 여러 정부 및 사회와 접하도록 돕기 위하여 교육과 통신에 관
한 프로젝트를 만들어 간다는 것이다. 연대는 엑스포를 통하여 다양한 문화
와 개혁(innovation)의 정체를 이해하고 휴머니티의 도전에 공동으로 대응한

다는 것이다. 진보는 경험을 통한 교육, 개혁을 통한 발전, 협동을 통한 경험을 이해한다는 것이다. 이것은 다른 문화와의 교량역을 하여 세계박람회를 통하여 문화의 정체성, 휴머니티의 향상을 위한 터전으로 삼아 가자는 것이다. 더불어 세계박람회가 도덕 문화 휴머니티의 향상에 기여토록 하자는 것이다.

요약하여 결론을 내린다면 인간 세계는 종국적으로 세계박람회를 통하여 휴머니티의 향상, 기술의 발전, 도덕과 물질의 진보, 더 나은 세계로 접근이 가능토록 나아가야 한다는 것이다.

6) 세계박람회 현재 기구(2009년 3월 27일 기준)

명예회장

회장

부회장

총회(General Assembly)

총회는 각국별로 1~3명 구성, 의장은 회원국이 비밀투표로 선출, 의장 기간은 2년이며 비상임직. 회의는 1년에 2회 개최, 임시총회를 열 때도 있음. 총회 밑에 분과위원회와 사무처를 둠(아래).

위원국 - 12개국(2007년 11월부터 2년간 한국이 위원국. 2002년 05월부터 기한이 계속 재선으로 현재에 이름)

집행위원회(Excutive Committe)

규제위원회(Rules Committe)

행정예산위원회(Administration and Budget Committe)

정보위원회(Information and Communication Committe)

사무처(CONCERNING STAFF; Secretariat General)

박람회를 개최하려는 나라는 5 ~ 9년 전 국제박람회기구에 신청하여야 하며 접수 후 6개월간의 공시기간을 거쳐 의장 집행위원장 사무처장으로 구성된 현지 조사단의 실사가 끝난 뒤 총회에서 회원국의 투표로 주최 여부를 결정한다.

7) 세계박람회의 명암(明暗)

세계박람회 개최에는 많은 애로점이 수반된다. 참가국들이 박람회 규약을 잘 지키지 않거나 애매한 행동을 취할 때 그러하다. 예를 들면 녹스빌 세계박람회(The 1982 World's Fair: Knoxville International Energy Exposition)나 스포케인 세계박람회(Expo '74 World's Fair)의 경우가 대표적 예이다. 미국 내 도시들이나 해외 다른 국가들이 박람회 참가를 주저하여 그러하였던 것이다. 이와는 반대로 박람회에 참가한 나라들의 관련자들이 활발한 활동으로 좋은 성과를 거둔 박람회도 있다. 세비아 세계박람회(1992: Seville Columbus Quincentennial Exposition)시의 부시 총무(Fred W. Bush: 부시 행정부시), 대전 엑스포 시의 멕오리프 총무(Telly McAuliff: 클린턴 행정부시)의 역할로 미국의 경우 상당한 달러 수입고를 올릴 수 있었던 것이 그와 같은 한 예이다. 자기 나라 박람회조직위원장을 외교관의 대사로 격상시켜 나라의 위상을 높인 예도 그러한 경우이다. 이에 해당하는 인물은 영국의 알렌, 캐나다의 레이드(Ptrick Reid), 프랑스의 가로팡(Marcel Galopin), 소련의 필리포프(Nikolai Filippov), 일본의 타케다(Ippei Takeda) 등이다.

1928년 국제박람회기구 조직 이후 규약에 따른 소규모의 재정운용으로 재정적 도움을 얻을 수 있는 참가국 결정에 국제박람회기구가 처음에는 효력을 부여하지 못하다가 지금은 세계박람회 참가국 결정에 중요한 역할을 하고 있다. 즉 국제박람회기구는 출품 인정박람회와 회원국이 참여할 수 없고 도시 지방 등이 중심이 되어 여는 비인정박람회로 구분하는 역할을 충실히 행하고 있다.[17] 예를 든다면 녹스빌, 루이지애나(1984: New Orleans

---

17) 미국이 2002년 국제박람회를 탈퇴하였다(1968년 입회). 매년 세계박람회 출품 기금 25,000$의 자

Louisiana World Exposition), 츠쿠바(The International Exposition, Tsukuba, Japan, 1985), 밴쿠버(Vancouver Expo 86: The 1986 World Exposition), 브리스베인(International Exposition on Leisure in the Age of Technology, Brisbane, Australia, 1988) 세계박람회를 참가국으로 결정한 것이 그러한 것이다. 세계박람회를 통하여 당대의 시대상을 들여다볼 수 있는 것을 보면 뉴욕 세계박람회(New York World's Fair 1939~40)에 전시된 GM사의 고속도로는 제1차 대전 후의 미국의 모습을, 대전 엑스포에서 미군 지프차가 벽에 부딪혀 있는 전시는 한국전의 모습을, 밴쿠버 세계박람회에서 야외조각품 전시는 자동화 시대의 모습을 엿볼 수 있다. 또 지역개발이 된 경우도 엿볼 수 있으니 스포케인 세계박람회에서 스포케인 강 전면을 정화하였으며 녹스빌 세계박람회에서 녹스빌 시와 테네시대학 사이가 정화된 것이 그러한 것이다. 세계박람회 개최로 기념비적 유물이 많이 남아 있는 것도 볼 수 있으니 콜럼비아 세계박람회(Chicago World's Columbian Exposition) 시의 예술전시관(Art Galleries: Museum of Science and Industry: 지금 시카고 과학산업박물관), 파리 세계박람회(Exposition Universelle et International de Paris 1900) 시의 대예술관(Grand Palace), 시애틀 세계박람회 시의 스페이스 니들(Space Needle), 뉴욕 세계박람회(1964~65: New York World's Fair) 시의 유니스페어(Unisphere), 대전 엑스포의 한빛탑 등이 그러한 것이다. 세계박람회 개최를 통하여 역사상 처음으로 선을 보여준 기계나 물건들이 많은데 런던 세계박람회 시의 금속 및 유리전시관 콜트권총(Colt revolver) 멕코믹 곡식 베는 기계(McCormick reaper) 코히노다이어먼드(Koh−i−Nor diamond) 가스레인지, 콜럼비아 세계박람회 시 회전식 관람차, 파리 세계 박람회(1900) 시의 활동사진, 뉴욕 박람회(1964) 시의 컴퓨터, 오사카 세계박람회 시의 달로켓 등이 그러한 것이다.

이 외에 국제박람회기구에 의하여 열리는 꽃박람회, 밀라노 트리엔날레

금 조달에 의회가 난색을 표함에 의회가 거부하였기 때문이었다. 따라서 미국에 대한 국가 평가가 하락되고 국제 이해와 교류는 물론 미국 내에서의 박람회 개최가 불가하게 되었다. 국제박람회기구의 활동에 미국이 지장을 주고 있어 아쉽다.

(Milan Trienniale) 등 특수 전문박람회가 주목을 끈다. Expo '90 오사카 국제꽃과 녹음박람회(Osaka International Garden and Greenery Exposition), 소규모의 불가리아의 프로브디프 박람회(Plovdiv specialized expo), 벤로(Venlo) 세계박람회(Floriade 2012) 등이 그러한 것이다.[18]

---

18) 이민식, 앞의 책, pp.421~436.

2. 한국의 세계박람회 약사

한국의 세계박람회 역사는 콜럼비아 세계박람회(Chicago World's Columbian Exposition) 전후기(1893)와 대전 엑스포 전후기(Taejon Expo 93)를 시점으로 활발히 전개되었다. 콜럼비아 세계박람회 이전 시기 우리나라는 대원군이 물러가 쇄국정치를 버리고 민씨 일파에 의한 문호개방정책을 단행하고 있었을 때였다. 당시 우리나라는 많은 정책을 실시하였으나 그중에서 같은 동양권인 일본과의 강화도조약 체약을 시작으로 서양권인 미국, 영국, 독일, 러시아, 프랑스 등 국가들과 수호통상조약을 체결한 것은 한국의 세계박람회 역사를 살펴보는 데 중요한 연관성을 지니고 있다. 초대주조선 미국공사 푸트(Lucius H. Foote)가 서울에 부임하자 이에 대한 답례로 명성황후의 조카인 민영익이 보빙사가 되어 1883년 미국에서의 활동 가운데서 한국박람사의 여명(黎明)을 찾아볼 수 있기 때문이다. 당시 보빙사 민영익은 부사 홍영식, 종사관 서광범, 수행원 변수, 수원 현흥택 등을 인솔하여 제물포를 출발, 일본 하와이 샌프란시스코 워싱턴을 경유하여 뉴욕에 체재 중이었던 미국의 아더 대통령을 예방하고 보스턴으로 가서 그때 마침 열리고 있었던 보스턴 지역 기업박람회(1883: Boston Exhibition)를 관람하였던 사실이 그러한 것이다. 그래서 우리나라 사람으로서는 한국 역사상 처음으로 보빙사절 일행이 박람회를 관람한 기록을 남겼던 것이다. 이로써 우리나라는 세계박람회 사상 처음으로 관람국의 입장이 된 셈이었다. 보빙사 민영익은 관람을 끝내고 미국의 여러 지역과 기관을 견학한 다음 대서양 유럽 지중해 수에즈운하 인도양을 거쳐 세계를 일주하고 귀국하였던 것이다.

민영익의 보스턴지역 기업박람회 관람 10년 뒤인 1893년 우리나라는 정경원을 출품대원으로 삼아 시카고 미시건 호반에서 열린 콜럼비아 세계박람회에 파견하였다. 그때 정경원은 제품전시관 내 우리나라 진열실에 12명이 출품한 21종의 물건을 진열하였다. 이 사실은 한국의 세계박람회 사상 중요한 의미를 내포하고 있다고 할 수 있다. 그것은 우리나라가 세계박람회에 처음으로 참가국이 되었을 뿐만 아니라 서구문물 수입에만 의존하여 왔던 개화문화가 서구세계에 진출하는 계기가 되었다는 점이다.

　콜럼비아 세계박람회 참가 100년 뒤 우리나라는 주최국이 되어 대전 엑스포를 개최하였다. 이로써 우리나라는 세계박람회의 참가국에서 주최국으로 변모하게 되었다. 세계박람회는 박람회의 올림픽이다. 따라서 대전 엑스포는 1988년 세계올림픽 및 2002 월드컵과 더불어 우리나라의 위상이 세계에 알려지게 된 한국사의 일대 거사라고 할 수 있다.

　콜럼비아 세계박람회 뒤 우리나라는 파리 세계박람회(Exposition Universelle at International de paris 1900)에 참가한 적이 있다. 그러나 그 후 우리나라는 하노이 박람회, 영일박람회에 출품한 적이 있으나 을사조약과 일제강점기를 거치면서 세계박람회와는 담을 쌓고 지내다가 민족해방 후에는 좌우충돌, 6·25전쟁 등으로 인한 민족의 시련을 극복하고 1962년 시애틀 세계박람회(1962: Seattle World's Fair)에 참가하기 시작하였다. 이어서 우리나라는 뉴욕 세계박람회(1964~65: New York World's Fair), 몬트리올 세계박람회 (Montreal Expo 67: Universal and International Exhibition), 샌안토니오 세계박람회(San Antonio Hemis Fair 68), 오사카 엑스포(1970: Osaka Japan World Exposition), 스포케인 세계박람회(Expo '74 World's Fair), 오키나와 세계박람회(1975~76: Okinawa International Ocean Exposition), 녹스빌 세계박람회(The 1982 World's Fair: Knoxville International Energy Exposition), 루이지애나 세계박람회(1984: New Orleans Louisiana World Exposition), 츠쿠바 엑스포(The International Exposition, Tsukuba, Japan, 1985), 밴쿠버 엑스포(Vancouver Expo 86: The 1986 World Exposition), 브리스베인 엑스포 (International Exposition on Leisure in the Age of Technology, Brisbane,

Australia, 1988), 세비아 세계박람회(The Universal of Seville - 1992: Seville Columbus Quincentennial Exposition), 제노아 세계박람회(GENOA 1992: Specialized International Exhibition), 대전 엑스포(1993), 리스본 세계박람회 (Lisbon World Exposition 1998: EXPO '98 Lisbon), 하노버 엑스포(EXPO 2000 hanover)에 출품하여 오늘에 이르고 있다.

우리나라가 관람국 참여국 주최국으로 변모하는 과정에서 우리나라의 박람회 활동의 모태가 된 세계박람회는 콜럼비아 세계박람회 참가 42년 전인 1851년 영국 런던에서 열렸던 것이 그 시초이다. 빅토리아 여왕(Queen Victoria)의 부군인 알버트 공(Prince Albert)의 제안에 따라 하이드 공원 (Hyde Park)에 크리스털궁(Crystal Palace)을 짓고 세계박람회(London Great Exhition of the Works of Industry of All Nations)를 개최하였던 것이다. 이후 영국, 미국, 프랑스, 오스트리아 등 각국이 다투어 가면서 세계박람회를 개최하였다. 뉴욕 세계박람회(1853: New York Exhibition of Industry of All Nations), 비엔나 세계박람회(1843: Vienna World Exposition), 필라델피아 세계박람회(1876: Philadelphia Centennial International Exposition of Arts, Manufactures and Products of the Soil and Mines), 파리 세계박람회(1889: Paris Universal Exposition) 등 박람회가 콜럼비아 세계박람회에 이르기까지 이어져 내려왔던 것이다.

세계박람회와 역사발전은 깊은 함수관계가 있다. 당대에 발달된 산업, 과학, 예술 등 문화현상과 강대한 국력의 상징이 세계박람회로 표출된 것임을 감지할 수 있다. 예를 들어 보면 런던 세계박람회와 대전 엑스포 두 경우를 보면 이해가 된다. 런던 세계박람회는 대영제국의 빅토리아여왕대의 강력한 힘의 바탕으로 열린 것이며, 대전 엑스포는 전쟁의 시련을 딛고 한강의 기적을 이룬 우리나라의 국력과 문화의 발전상을 세계에 선양하기 위한 행사로 열었음이 그러한 것이다.

3. 인류 사상 처음 연 런던 세계박람회

성경에 고대 페르시아의 크세르크세스왕(King Xerxes)이 180일 동안 영화와 부와 위엄을 나타낸 전시를 하였다는 기록이 있다.[19] 성경에는 시장 경기장 저명인사가 방문하는 곳에 잔치의 형태로 전시회가 열렸다는 기록이 많다. 로마시대는 종교 행사가 있는 휴일에 페스티벌의 형태로 열렸다. 그래서 '페어'(fair)는 휴일을 의미하는 라틴어 '페리에'(feriae)에서 유래한 말이다.[20] 중세시대는 종교나 예술적 행사인 전시회가 있어 왔다. 또 십자길이나 극장에서도 열었다. 이러한 곳에서 무역 교류가 생겨났다. 중세의 전람회는 국제적 전람회의 시발이다. 그중에 중세 영국에는 오늘의 카니발 형태의 국가적 행사를 행하였다. 1754년 왕실예술가협회(Royal Society of Arts)가 조직되었다. 나중에 이 협회를 후원하고 있었던 빅토리아 여왕의 부군 알버트공이 런던 세계박람회를 추진하여 성공리에 개최하였던 것이다. 영국은 조지 3세 때 왕실영국예술가협회 주관으로 협회사무실에서 전시회를 갖고(1860) 시상식을 가졌다(1761). 외국인은 출품하지 못하고 협회 회원만이 출품하였다. 기계, 농기구, 사과압착기, 배 방적기 등을 전시하였던 것이었

---

19) *Old Testament*, The Book of Esther Chapter 1, Article 4(구약전서, 에스더 1장 4절, p.750, 국제성서출판사, 1994) 영어 원문: And he displayed the riches of his royal glory and the splendor of his great majesty for many days, 180 days.
   "왕이 여러 날 곧 일백팔십 일 동안 그 영화로운 나라의 부함과 위엄의 혁혁함을 나타내니라."
   고대 페르시아 크세르크세스왕은 성경에 아하스에로스왕(King Ahasuerus)이라고 불리는 왕이다. 왕은 국내사람 초청하여 전시를 행하였다.

20) John E. Finding and Kimbery D. Pelle, *Historical Dictionary of World's Fairs and Expsitions, 1851~1988*(New York: Greenwood Press, 1990), p. x v.

다.[21] 관람자가 적고 출품들이 조잡하였으나 과학의 발달에 큰 자극제가 되었던 것이다.

18세기 영국은 예술품을 볼 수 있는 박물관이나 공공장소가 없었다. 예술품을 개인적으로 수집하여 보관하고 있기 때문에 그러하였다. 그래서 예술품 매매가 없었다. 프랑스나 이태리는 예술품이 공개적으로 매매가 이루어지고 있었다. 1700년 일찍이 한 런던자선학교(London Hospital) 소속의 예술가들이 몇 유명인의 초상화를 내놓아 공공예술전시회를 가진 적이 있었다. 영국예술가협회가 예술과 과학 분야에 업적이 있는 사람이 있어 시상하여 주었다. 1760년 4월에는 예술가들이 전시회를 열었다. 관람객이 수천 명이었고 입장료가 많아 이것으로 예술가의 입지를 높이는 데 유용하였다.[22]

1768년 왕실 아카데미(Royal Academy)가 창립되었다. 이것은 영국예술가협회(English Society of Arts)와는 다른 조직이었다.[23] 왕실 아카데미가 영국 전람회의 기반을 닦아 영국예술가협회가 후원하고 있었던 1851년 런던 세계박람회 성립에 도움을 주었다.

1820년대가 되면서 노동자에게 과학적 원리를 가르치려고 학원을 설립하면서 전람회가 활성화되었다. 과학적 발명품, 기계 고안품 등이 관람객에게 팔렸다. 매력을 끈 전시품 중에는 오스틴(Austin)의 '행복한 가족'(Happy Family)이 있었다. 하나의 새장에 200여 종의 새들이 평화롭게 사는 모습을 보여주었던 전시물이 있었다. 리차드 3세(Richard Ⅲ)의 침대, 스코틀랜드 메리 여왕의 옷이 걸려 있는 런던탑도 매력을 끈 전시물이었다.[24]

1837년부터는 맨체스터에서 기계협회(Mecanics Institute)가 연 전람회는 전국 도시에까지 퍼져 국제 전람회의 초석이 되었다.[25]

이같이 영국에는 왕실영국예술가협회 후원의 최초의 세계박람회가 열리기 전 여러 전시회 활동이 있어 왔다.

---

21) *Ibid.*, p. ⅹⅴ.

22) *Ibid.*, p. ⅹⅵ.

23) *Ibid.*, p. ⅹⅶ

24) *Ibid.*, p. ⅹⅵ.

25) *Ibid.*, p. ⅹⅶ.

프랑스는 드 아베즈 후작(d'Avéze)이 처음으로 전람회를 구상하였다. 프랑스 혁명기에 예술 제품 상품을 전시하였다(1797). 혁명으로 전람회가 잘되지 못하였다. 양탄자, 도자기, 천 무역품을 전시하였다.[26] 이 전시회는 바자회, 중세의 페어와 비슷하였다. 이후 프랑스는 3개의 빌딩에 매년 국가적 차원에서 전람회를 개최하였다. 당시 프랑스는 영국과 경쟁 상태에 있었기 때문에 영국에 과시하기 위하여 전시하였다. 그래서 1801년 열린 전시회는 더 성대하게 열렸다. 그 뒤 계속하여 1839, 1844, 1849년 등등 여러번 열렸다. 열 때마다 전쟁이나 정부의 불안 때문에 개최에 방해를 받았다. 1849년 전람회는 6개월간 열렸는데 전시자가 4,500명이었다.[27]

오스트리아는 1820년부터 전시회를 개최하면서 뒤에 가서 비엔나에서 문을 열었다. 독일은 베를린 삭소니에서 전시회를 가졌다. 기타 스위스는 로산 베른 성갈 취리히에서, 포르투갈은 리스본 등지에서, 미국은 뉴욕과 워싱턴에서 전시회를 가졌다.[28]

이 전시회들은 엄밀한 의미에서 세계박람회라고는 말할 수 없다. 제한적인 지역에 국한하여 치러진 행사였기 때문에 그러한 것이다.

세계 최초의 세계박람회는 1851년 런던 세계박람회(The Great Exhibition of the Works of Industry of All Nations)이다. 속칭 '1851년 대박람회'(The Great Exhibition) 혹은 '크리스털궁'(Crystal Palace Exhibition)이라고 한다. 영국의 산업의 발달은 물론 자유무역, 평화, 민주주의의 본질, 헌법의 발달을 발현(發顯)하기 위하여 연 박람회이다.[29]

28개국이 출품하였는데 아시아 국가에서는 중국, 페르시아, 터키 3나라가 출품하였다.

---

26) *Ibid.*, p. xvi.

27) *Ibid.*, p. xvi.

28) John J. Flinn, *Official Guide to the World's Columbian Exposition*(Chicago: The Columbian Guide Company, 1893), pp.258~262.

29) bie 홈페이지.

그림 3. 크리스털궁(jath)

그림 4. 런던 세계박람회 개막식(H 12). 알버트 공이 여왕 앞에 서서 바라보면서
박람회 관련 보고를 하고 있다.

빅토리아 여왕의 부군인 알버트 공(Prince Albert)이 후원하고 있었던 왕실 예술가협회의 주관과 영국 국가 기록청 직원이었던 콜(Henry Cole)의 협조로 런던 하이드 공원(Hyde Park)에서 '세계의 산업'(Industry of All Nations)을 전시하는 박람회를 열렸다.[30] 박람회장은 에든버러 공 필립(Prince Philip, Duke of Edinburg)이었으며 과학지식과 예술을 촉진시키고 산업응용을 목표

그림 5. 멕코믹 곡식 베는 기계(H 4)

로 건축가이며 정원사인 펙스톤경(Joseph Paxton)이 체트스워드(Chatsworth)에서 빅토리아 레기나(Victoria regina) 정원을 만든 다음 유리와 금속으로 18acres의 크리스털궁을 지어 외국 출품 수는 6,556종, 영국 및 식민지 출품수 7,381종, 총 13,937종을[31] 기계관, 제품관, 원료관, 예술관의 4개 전시관에 30개 등급으로 분류 배치하여 전시하였다. 프랑스와 독일 아이템이 중요하였고, 미국관은 전시 공간을 다 채우지 못하였으나 출품의 품질만은 프랑스 다음에 인정되었다. 가장 인기 있는 전시관인 기계전시관에 전시된 출품은 콜트권총, 재봉틀, Goodyear Co'가 생산한 고무제품, 매코믹 곡식 베는 기계 등이었다. 곡식 베는 기계는 여러 종류가 기계관에 전시되었으나 그중 매코믹 곡식 베는 기계가 가장 주목을 받았다. 매코믹 곡식 베는 기계는 아이리시계 버지니아인으로서 '현대 농업의 아버지'(The Father of Modern

---

30) Alfred Heller, *World's Fairs and the End of Progress*(Corte Madera: World's Fair, Inc., 1999), pp.46~52.

31) Flinn, *op. cit.*, p.263.
   영국 본토 6,861명, 식민지 520명, 기타 세계 6,556명 도합 13,937명이 출품한 것이다. 출품액이 £1,781,929 또는 £9,000,000라고 한다.

Agriculture)라고 불리는 매코믹(1809~1884: Cyrus MacComick)이 22살 때인 1831년에 그의 아버지(Robert McComick)가 버지니아 농장에서 15년간 연구하다가 실패하자 6주간 그 원인을 찾아서 보완하여 1834년 특허를 받은 기계였다. 주목을 끌지 못하다가 1841년 주목을 받게 되자 1847년 농장에서 시카고로 가서 공장을 세워 생산하였다. 1851 런던 세계박람회에 출품하여 국제적 관심을 끌고 박람회로부터 금메달을 받았다. 이어 함부르크, 비엔나, 파리에서 큰 관심을 얻게 되었고 그 결과로 프랑스 아카데미 회원으로 선임되었다. 그러나 시카고 화재(1871) 때 공장이 소실되었다. 1884년 사망하였으나 그의 명성은 살아 있었다.

오티스(Elisha Graves Otis)의 승강기를 전시하면서 미국이 문을 열었던 최초의 뉴욕 세계박람회(1853: New York Exhibition of the Industry of All Nations: 1853)의 전시관명도 크리스털궁이었는데 하이드 공원의 크리스털궁을 본떠 지은 것이다. 1855년 파리 박람회(Paris Universal Exposition) 전시관도 크리스털궁을 모방하여 지은 것이다.[32] 런던 세계박람회 참가국은 영국 및 식민지국가 28개국으로 빅토리아 여왕이 참석한 가운데 5월 1일 개막식을 열었다. 이 박람회는 10월 15일까지 열렸는데 방문자가 6,039,195명이나 되었다.[33]

박람회가 끝난 뒤 크리스털궁은 템스 강 남쪽 시덴함(Sydenham)에 위치하고 있는 로텐 로(Rotten Row) 북쪽에 옮겨 1854년 빅토리아 여왕의 참석하에 문을 열었다. 이 크리스털궁도 역시 펙스톤경이 설계하여 200acres의 동계정원으로 지은 것이다. 이 크리스털궁은 사립 박람회장으로 '19세기 월드 디즈니'(Walt Disney World of the nineteenth century)였다. 가족 단위의 놀이터, 오락장, 콘서트장, 콘테스트장, 축제장, 불꽃놀이장, 체육장, 정치집회장, 줄타기장이 되었던 것이다. 1866년 찰스 토마스 브록(Charles Thomas Brock)의 트라팔가르해전(Battle of Trafalgar)을 공연하였다. 유트랜드(Battle

---

32) Flinn, *ibid.*, p.265.

33) Phillip T. Smith, "London 1851 The Great Exhibition of the Works of Industry of All Nations", *Historical Dictionary of World's Fairs and Expsitions, 1851~1988*(New York: Greenwood Press, 1990), p.3.

그림 6. 시덴함에 복원된 크리스털궁(H 49)

of Jutland)의 싸움과 같은 불꽃놀이를 하였다. 1936년 11월 30일 궁이 소실되었으나 약간의 유적은 지금까지 남아 있다. 소실의 원인이 불꽃놀이 등 행사와 관련이 있었다고 추정된다. 이 궁이 위치하고 있었던 정확한 지점은 미상이나 로텐 로 북쪽에 있었다고 추정된다. 이 궁은 1913년 소유자가 파산하여 국가 소유가 되었다. 제1차 세계대전 시는 해군훈련장이 되었고 전쟁이 끝난 뒤에 이 궁의 기능이 부활하였다. 1964년 현대식 국립 체육관을 만들었다. 1851년 런던 세계박람회의 맥을 이어 186,437파운드로 사우드 킹스턴에는 87에이커 땅에 과학과 예술 센터로서 자연사 박물관, 빅토리아 알버트 박물관을 건립하였다.

4. 오랜 전통을 갖고 개최되었던 미국의 세계박람회

1) 미국의 최초 세계박람회

미국은 정부의 주도하에 움직이지 않고 런던 세계박람회(The Great Exhibition of the Works of Industry of All Nations)에 참석하고 돌아온 많은 제조업자 상인들이 런던 박람회의 아이디어를 택하여 1853년 세계박람회를 뉴욕 브리안트 공원(Bryant Park)에서 열었다. 이 박람회가 1853년 뉴욕 세계박람회(1953: New York Exhibition of the Industry of All Nations)였다 (1853. 7. 14~1854. 11. 1). 이 박람회는 세계박람회 역사상 1853년 5월에 열린(5. 12~10. 29) 더블린 대산업박람회(Dublin Great Industrial Exhibition)에 이어 세 번째로 개막식에 피어스 대통령(Franklin Pierce) 참석하에 열렸던 박람회였다. 뉴욕인들은 박람회 추진조직협회명을 세계산업전시협회 (Association for the Exhibition of the Industries of All Nations)라고 명명하고 자본금 200,000$로 박람회를 개최하기 위한 일을 착수하였다.[34] 당시 뉴욕인들은 박람회 개최를 찬성하는 이가 많았지만 진행과정을 우려하는 사람들도 많았다. 부유한 시민들이 출연하여 진행이 되었으나 뉴욕 시 당국은 재정적 문제에 무성의하였다. 그러므로 시 당국이 미 공화국의 국가적 명예를 걸고 시작한 박람회는 아니었다. 유럽의 작은 한 나라가 연 박람회 정도였

---

34) John J. Flinn, *Official Guide to the World's Columbian Exposition*(Chicago: The Columbian Guide Company, 1893), p.204.

다. 이 박람회 이후 미국에서 개최되었던 박람회 치고 이 박람회보다 뒤떨어진 박람회는 없다. 프린(John J, Flinn)에 의하면 주 전시관인 크리스털궁(Crystal Palace)은 170,000ft²이었는데 2층 건물이었다. 런던 세계박람회의 크리스털궁을 모방하여 지은 것이다. 1층은 8각형 모양이었는데 4코너에 70ft의 기둥으로 건물을 받치게 하였으며 2층에는 작은 십자길을 만들어 놓았고 148ft의 돔을 올려놓았다. 돔은 미국식 디자인이었다. 부속건물도 2층인데 21×450ft이며 지붕에서 햇빛이 들어오도록 장치하였고 갤러리를 통하여 주 전시관과 연결하였다. 전시관 가격은 64,000$였으며 총수입은 340,000$였다. 출품자 수가 4,106명이었는데 주로 산업 생산품과 예술품을 전시하였는데 이 중에 반 정도가 비미국인 출품자였다.[35] 이 박람회에서 특이하게 주목되는 것은 오티스(Elisha Graves Otis)의 엘리베이터이다. 이 박람회의 성격은 외국의 제조업자 무역업자가 '광고하기 위한 수단'(Vehicle of Advertising)으로 열렸던 박람회라고 할 수 있다. 전시관이 1858년 10월 5일 소실하였다.[36]

2) 필라델피아 세계박람회

필라델피아 세계박람회(1876: Philadelphia Centennial Exhibition of Arts, Manufactures and Products of the Soil and Mines)는 '1776년 7월 4일 미국 독립 100주년 기념'(Celebration of the Centennial of American Independence and the Declaration of July 4th 1776)을 주제로 내걸고 개최한 대박람회이다. 당시까지 가장 규모가 큰 박람회였다. 1853년 뉴욕 세계박람회 이래 미국은 다른 나라보다 제조자원 예술분야가 열세였다. 그러나 미국은 다음과 같은 3가지 점에서 이를 극복하여 박람회를 열 수가 있었다.

① 미국의 업자들이 미국의 전시물을 외국의 것과는 다르다는 것을 입증하였으며

---

35) *Ibid.*, p.265. 핀딩(John E. Finding)은 전시관의 넓이를 4acres라고 하였다.

36) Ivan D. Steen, "New York 1853 – 1854 Exhibition of the Industry of All Nations", *Historical Dictionary of World's Fairs and Expositions, 1851 ~1988*(New York: Greenwood, 1990), pp.12 ~ 15.

② 미국의 상업이나 예술이 외국보다 더 발달하였다는 것을 사실화하였고
③ 미국은 실용적으로 유용한 산업을 발전시키려는 나라였다. 예를 들면 미국은 발명품이 일반화되어 19세기 전반 75년간 세계발명품 중에서 90%가 미국 의 발명품이라는 것이 그 예이다.[37]

박람회 장소는 필라델피아에서 3mile 떨어져 있는 페어마운트 공원 (Fairmount Park)이었다. 박람회장 수송을 위하여 2,500,000$를 들여 슈일킬 강(Schuylkill river)에 2개의 교량을 건설하였다. 박람회장의 넓이는 450acers 였는데 이 중에 285acres를 전시장으로 만들었다. 프린(John J. Flinn)에 의하 면 각 전시관의 넓이는 다음과 같다.[38]

주 전시관 870,464ft²
기계전시관 504,720ft²
예술관 76,650ft²
원예전시관 350×160ft 높이 65ft
농업전시관 117,760ft²
여성전시관 808×208ft

조달된 재원은 다음과 같다.[39]

필라델피아 시 착수금 $50,000
의회 증권발행 통과금 $10,000,000
필라델피아 시 기부금 $1,500,000
펜실베이니아 주 기부금 $1,500,000
정부의 전시관 출연금 $728,500

박람회장은 5월 10일부터 11월 10일까지 문을 열었다. 출품자 수는 약 30,868명인데 이 중에 미국인이 8,175명이 차지하였으니 33.3%가 넘는 숫

---

37) Flinn, *op. cit.*, p.269.
38) *Ibid.*, pp.269~270.
39) *Ibid.*, p.270.

자이다. 미국 이외 스페인 및 식민지가 3,822명, 영국 및 식민지가 3,584명, 포르투갈이 2,462명이 출품하였다. 출품국은 오스트레일리아, 벨기에, 브라질, 캐나다, 중국, 칠레, 덴마크, 이집트, 프랑스, 독일, 영국(식민지 포함), 하와이, 이태리, 일본, 멕시코, 모로코, 네덜란드, 노르웨이, 오렌지자유국, 페루, 포르투갈, 러시아, 샴, 시베리아, 스페인, 스웨덴, 스위스, 튀니스, 터키, 미국, 베네수엘라였다.[40] 관람자 수는 9,910,966명이었다. 이 중에 입장료 지불자는 8,004,274명으로 수입이 3,813,726.49$였다.[41] 출입자 중에서 전시 관련자 1,815,617명 그 보조자 91,075명이었다. 관람객이 가장 많이 입장한 것은 9월의 '펜실베이니아의 날'(Pennsylvania day)로 그 수효는 28,274,919명이었다. 가장 적게 입장한 날은 5월 12일로 12,720명이었다.[42]

3) 콜럼비아 세계박람회와 20세기 초 세계박람회

시카고 미시건 호반에서 콜럼버스 아메리카 발견 400주년을 기념하기 위하여 우리나라를 비롯한 47개국이 모여 세계박람회를 개최하였다. 조선은 정경원을 출품대원으로 삼아 13명을 파미(派美)하여 출품 관련 일을 하게 하였다. 우리나라는 이 세계박람회에 처음으로 참가하였다. 이후 미국에서는 캘리포니아 동계 국제박람회(California Midwinter International Exposition)가 샌프란시스코 금문 공원(Golden gate)에서 열렸다(1894). 면화주 세계박람회(Cotton States and International Exposition)가 애틀랜타 피드몬트 공원(Piedmont Park)에서 열렸다(1895). 헬러(Alfred Heller)는 100년 전 이 박람회의 사이트를 탐사하려고 나선 적이 있었다고 하였다.[43] 20세기로 들어서면서 버퍼로 마리나 지역(Buffalo Marina District)에서 범아메리카 박람회(Pan – American Exposition)를 개최하였다(1901). 1904년에는 루이지애나 매

---

40) *Ibid*., p.270.

41) *Ibid*., p.271. 핀딩(John E. Finding)은 관람자수를 978,900명이라고 하였다.
   John E. Finding and Kimberly D. Pelle, *Historical Dictionary of World's Fairs and Expositions, 1851 ~ 1988*(New York: Greenwood, Press 1990), p.376.

42) *Ibid*., p.271.

43) Alfred Heller, *World's Fairs and the End of Progress*(Corte Madera: Wored's Fair, Inc, 1999), pp73~74.

수기념박람회가 포리스트 공원(Forest Park)에서 은행가 칠버그(John E. Chilberg) 주도하에 데오돌 루즈벨트 대통령(Theodore Roosevelt)의 키 작동으로 개막식을 열어 4월 30일에서 12월 1일까지 열렸다. 이때 아이스크림콘이 소개되었다. 이 박람회는 성공한 박람회였다. 이익금으로 제퍼슨 기념관(Jefferson Memorial)을 건립하였다. 미국은 동년에 올림픽도 열었던 것이다. 1909년 시애틀 워싱턴대학(University of Washington)에서 알라스카 유콘 퍼시픽 세계박람회(Seattle Alaska – Yukon – Pacific Exposition)가 열렸다.[44] 전시관은 라이너산(Mount Rainer), 유니온호(Union Lake), 워싱턴호(Washington Lake)가 보이는 곳이었다.

4) 파나마 태평양 국제박람회와 스텔라

1915년 샌디에이고와 샌프란시스코에서 세계박람회가 열렸다. 샌디에이고에서는 발보아 공원(Balboa Park)에서 열렸다. 이 공원에서 1935년 또 세계박람회를 연 적이 있다. 샌프란시스코에서 열렸던 세계박람회는 무어(Charles C. Moore)의 주도하에 워싱턴에서 윌슨 대통령(Woodrow Wilson)이 개막식 키를 누름으로써 24개국이 참가한 파나마 – 태평양 국제박람회(Panama – Pacific International Exposition)이다(3. 20 ~ 12. 4). 샌프란시스코 북쪽 해안을 따라 열렸던 이 박람회는 개최장소인 마리나 그린(Marina Green)이 개발되어 현대적 미술관이 서 있다.[45] 이 박람회는 1906년 지진 이전인 1904년부터 개최하려고 계획하였다. 이 박람회는 예술사진 스텔라(Stella)가 유명하다. 스텔라가 있는 전시관 입장료는 10cent로 750,000명이나 관람하였다. 스텔라의 원본이 현존하고 있다. 헬러가 모나코(Richard Monaco)가 보관 중인 스텔라 사진원본을 복사한 것을 보관하고 있다. 스텔라 사진을 찍어 처음 그것을 보관하고 있었던 사람은 모나코의 할아버지(J. B. Monaco)였다. 모나코의 할아버지는 스위스에서 샌프란시스코에 이민 와서

---

44) *Ibid.*, pp74 ~ 75.

45) *Ibid.*, p.88.

그림 7. 1915 파나마 퍼시픽 세계박람회 출품작 스텔라(H 72)

사진관을 경영하고 있었는데 박람회에서 같이 일한 친구의 도움으로 스텔라의 사진을 찍어 보관하여 왔던 것이다. 5권으로 구성된 『파나마 태평양 국제박람회사』(The Story of the Panama-Pacific Exposition) 저자 토드(Frank Morton Todd)는 스텔라는 살아 움직이는 것 같은 예술품이라고 극찬하였다. 금문 국제박람회(1939~40: San Francisco Golden Gate International Exposition)에서도 스텔라를 전시하였는데 파나마 태평양 국제박람회 때의 것과 같은 것인지는 미지수이다.[46] 1918년 뉴욕 브롱크스 스타라이트 공원(Bronx Starlight Park)에서 멕가비(Harry F. M. Garvie)의 주도하에 브롱크스 국제박람회(Bronx International Exposition)를 열었다. 개막일이 7월 29일이었으며 박람회장 넓이는 25acres였다. 미국독립 150년을 기념하기 위하여 남(南)필라델피아에서 1926년 국제박람회가 5월 31일~11월 30일간 열렸다(Sesqui-Centennial International Exposition). 회장은 콜린(David Collin)이었으며 장소는 페어마운트 공원을 포함한 1,000acres였다.[47] 1928년 롱비치

46) *Ibid.*, pp.69~73.

47) David Glassberg, "Philadelphia 1926 Sesqui-Centennial International Exposition", *Historical*

(Long Beach)에서 태평양 서남 박람회(Pacific Southwest Exposition)가 개최되었다. 박람회장 넓이는 63acres였으며 데이비스(Hugh R. Davies)가 주도하였다.[48)

5) 1930년대 미국 세계박람회

1930년대 미국을 포함한 세계의 박람회는 제2차 세계대전 직전 열렸던 박람회이다. 따라서 몇 개의 세계박람회를 제외하고는 참혹한 시대의 전위대 역할을 하였다. 1931년 파리에서 열렸던 국제 식민지 박람회(International Colonial Exposition)가 식민지 경영의 경제적 이익을 도와주는 광고박람회를 연 것이 그러한 것이다.

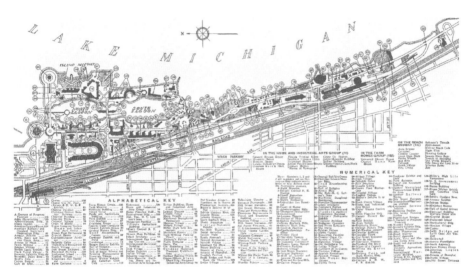

그림 8. 1933~4년 시카고 세계박람회 지도
(W-Eternal Links-1933/1934 Chicago World's Fair website-Map of 1933 Fair)

Dictionary of World's Fairs and Expositions, 1851~1988(New York: Greenwood, 1990), pp.246~249.

48) Kaye Briegel, "Long Beach 1928 Pacific Southwest Exposition", *Historical Dictionary of World's Fairs and Expositions, 1851~1988*(New York: Greenwood, 1990), pp.250~251.

그림 9. 1933~4년 시카고 세계박람회 비행선(W)

　1933~34년 시카고 세계박람회(A Century of Progress, International Exposition)는 시카고 건설 100주년 기념으로 연 박람회였으나 과거 박람회가 갖고 있었던 낭만주의가 뽑혀 나간 박람회였다. 그러나 이 박람회는 비행선이 유명하였다. 이 같은 박람회는 미국 이외도 있었다. 2차 세계대전 발발 2년 전인 1937년 파리에서 열렸던 현대 예술 및 기술 세계박람회(International Exposition of the Arts and Techniques of Modern Life)가 소련과 독일관이 힘의 우세를 과시하는 박람회를 연 것이 그러하다.[49] 그런데 여기서 시대의 참혹성에서 탈피하려고 열렸던 세계박람회가 있었다. 경제공황과 전쟁을 부정하면서 열렸던 박람회가 그러한 것이다. 1935년 브뤼셀에서 열렸던 세계박람회는 1910년 이후 세계의 나갈 길을 예시하여 주는 대로(大路: bulevards of 1910)와 같은 박람회였던 것이 그러한 것이다.[50] 1935년 캘리포니아 태평양 국제박람회(California Pacific International Exposition)가 스페인 무어리시 스타일(Spain‐Moorish style) 박람회로 즐거움을 선사하였으며, 금문 국제박람회(San Francisco Golden Gate International Exposition)

---

49) Heller, *op. cit.*, p.77.

50) *Ibid.*, p.77.

는 루즈벨트 대통령(Franklin D. Roosevelt)이 경제공황 극복을 과시하면서 사람들에게 즐거움과 환상을 심어준 박람회를 연 것도 그러하였다.

미국이 금문 국제박람회 개최를 생각하기 시작한 것은 1915년부터이다. 파나마 태평양 국제박람회를 기리고 공황 기간 동안 건설된 금문교 건설과 샌프란시스코인들의 저력을 보이고 비행장 건설을 위하여 고트 섬(Goat Island) 북쪽 샌프란시스코 중앙지대인 트레저 섬(Treasure Island)에서 개최하였다. 책임자는 1939년에는 커틀러(Lelant W. Cutler), 1940년에는 딜(Marshall Dill)이었다. 미국정부(6,000,000$ 이상 출연) 사업가 샌프란시스코와 캘리포니아 주의 지원하에 열렸다. 미 육군 기술단은 25,000,000야드의 비행장을 조성하였다. 전시관 중 공중수송관 순수 예술 및 장식예술관(Palace of Fine and Decorative Arts)은 격납고, 총무원은 비행장 터널로 이용할 수 있도록 지었다.[51] 개막식은 2월 18일이었는데 황금의 열쇠로 금문교 형태의 문을 여는 의식을 행하였다. 총 입장객은 128,697명이었다.[52] 외국 전시관은 26개 관이 있었으며 RCA TV세트, 미싱, 벨전화기 등을 미국회사 전시관에 진열하였다. '화학을 통한 더 좋은 물건과 삶'(Better Things for Better Living through Chemistry)이라는 기치하에 듀퐁사(Dupont)는 옥시겐 실험을 보여주었다.[53] 박람회의 상징물 태양탑(Tower of the Sun)은 브라운(Arthur Brown)이 설계한 것인데 파나마 태평양 국제박람회의 보석탑(Tower of Jewels)을 보고 만든 것이다. 탑 꼭대기는 금색 철제물로 만들었다. 이 탑은 1906년 지진에서 재건된 샌프란시스코를 상징하는 탑이었다. 금문 국제박람회는 1940년에 다시 열렸다. 이때는 제2차 세계대전 중이었다. 그래서 참가하였던 많은 나라가 돌아갔다. 2회에 걸친 박람회 관람자는 17,041,999명이었는데 관람자 대부분은 1939년대 관람자였다. 가장 관람자가 적었던 날은 1939년 10월 2일이었는데 그 수효는 11,776명이었다. 가장 많았던 날은 6일이었는데 187,000명이 관람하였다. 박람회의 손익을 보면 1939년

---

51) *Ibid.*, p.77.

52) *Ibid.*, p.79.

53) *Ibid.*, p.82.

4,000,000$ 손실이 있었으나 1940년 1939년 상실분 반을 회복함으로써 경제회복의 열망을 나타내 주었다.[54] 트레저 섬에 비행장을 건설하여 열렸던 박람회의 꿈은 깨지고 말았다. 제2차 대전 중 미 해군이 트레저 섬을 이용하고 대가로 전후에 샌브루노(San Bruno)를 대토로 받도록 하였기 때문이다. 그래서 샌마테오 카운티(San Mateo County)에 국제공항을 건설하게 되었다. 금문 국제박람회가 열렸던 곳에서 2015년 등록박람회를 미국이 유치한 바 있다. 금문 옆 프레시디오 육군기지(Presidio army base)가 있었던 곳에서 '진보를 위한 새로운 길'(New Paths for Progress)을 주제로 내걸고 200ft 높이의 상징탑 밀레니얼 그로브(Milllennial Globe)를 세워 박람회를 유치하려 하였다.

금문 국제박람회가 열리고 있는 한편 뉴욕에서는 모세스(Robert Moses)의 지도하에 '내일의 세계'(Building the World of Tomorrow)를 주제로 내걸고 더 큰 박람회를 열었다(1939. 4. 30~10. 31, 1940. 5. 11~10. 27: New York World's Fair 1939~40). 퀸스 프러싱 메도우의 1,200acres 땅 위에서 열렸다. 610feet의 트리론탑(Trylon)과 180feet 페리스페어(Perisphere) 상징탑을 세웠다.[55] 당시 GM사 전시관은 2인 승차 도로(고속, 지방도로) 교량 등을 전시함으로써 자동차 도로 등 수송문제의 미래를 예시하여 주었다. 뉴욕 세계박람회는 인간생활 미국 박람회의 특징의 편리함이 무엇인가를 예시하여 준 박람회였다.

미국 박람회 역사를 살펴보면 다른 나라와는 다른 점이 보인다. 초기 미국 박람회는 필라델피아 세계박람회나 파나마 태평양 국제박람회처럼 크리스털궁과 같은 큰 건물 하나에 개별적 테마나 국가관을 지어 개최하였다. 박람회 횟수가 늘어남에 따라 뒤에 가서는 비산업적인 순수 예술, 오락 등도 부수하여 개최하였다. 뿐만 아니라 미국의 생활양식에 맞추어 개최하였다. 그래서 미국의 박람회는 강렬한 내셔널리즘의 냄새가 났다. 부스에는 국

---

54) *Ibid.*, p.88.

55) Michael Mullen, "New York 1939~1940 New York World's Fair", *Historical Dictionary of World's Fairs and Expositions, 1851~1988*(New York: Green－wood, 1990), pp.293~300.

가의 이미지와 자국의 프라이드를 나타내는 물건들을 전시하였다. 과거에는 순수 예술품을 전시하였고 기계 전시, 각주 전시가 세계박람회에 기여하였으나 뒤에는 반대로 개별화의 경향으로 전락하고 말았다. 미국정부가 유럽의 영향을 받아 개입하는 것을 싫어하여 정부의 지원이 적어도 도시가 중심이 되어 열고 오락을 박람회와 결부시켜 돈을 끌어들이는 박람회를 개최하였다.56)

---

56) John E. Finding and Kimberly D. Pelle, *Historical Dictionary of World's Fairs and Expositions, 1851 ~ 1988*(New York: Greenwood Press, 1990), p. x ⅷ.

5. 민영익의 보스턴 지역
기업박람회 관람

1883년 9월 3일부터 보스턴 박람회(1883: Boston Exhibition)가 열렸다. 이 박람회는 출품자 수가 680명 방문자 수는 300,000명이었다.[57] 당시 우리나라는 조미조약에 따라 초대 주조선미국공사 푸트(Lucius H. Foote)가 서울에 부임하자 이에 대한 답례로 명성황후의 조카 보빙사 민영익(報聘使 閔泳翊)을 위시하여 부사 홍영식(副使 洪英植), 종사관 서광범(從使官 徐光範) 등을 미국에 파견하였다. 민영익 일행은 제물포를 출발하여 미국에 가서 뉴욕 제5번가 호텔에서 공화당 출신 아더 대통령을 예방하고 9월 18일 오후 5시

그림 10. 보스턴 박람회를　　　그림 11. 보빙사 일행(뉴욕에서 촬영)
관람한 민영익의 모습

---

57) John J, Flinn, *Official Guide to the Word's Columbian Exposition*(Chicago: The Columbian Guide Company, 1883). p.273.

30분 폴리버선(Fall River)의 증기선 브리스톨호(Bristol)를 타고 보스턴으로 가서 다음 날 아침 7시경 보스턴에 도착하여 벤담 호텔(Vendome Hotel)에 투숙한 뒤 외국박람회 사무총장 노튼 장군(C. B. Norton)의 안내로 11시 외국박람장(The Foreign Exhibition of Products, Arts and Manufacture)에서 광산 채굴도구 농기구 면직물 등을 관람한 후 박람회 총재 브래들(Natha'l J. Bradle)의 안내로 미국박람회장(American Exhibition of Products, Arts and Manufacture)을 관람하고 보스턴 시내를 관광한 뒤 호텔로 돌아와 당일 저녁 외국박람회장을 재방문하고 휴대하고 있었던 몇 점의 물건을 전시관에 내놓았다.[58] 이때 내놓은 물품은 자기, 화병, 주전자 등이었다.[59] 그러나 이때 내놓은 물건은 출품대원 자격으로 내놓은 것이 아니고 관람과정에서 비공식적으로 내놓은 것이다. 그 후 민영익은 20일 기차를 타고 호텔 주인 월코트(J. W. Wolcott)의 농장으로 가서 관람한 다음 보빙사 비서 로웰 댁(Francis Cabot Lowell)에 가서 공장을 견학하였다. 22일 민영익 일행은 노튼 브래들 링컨(Frederic W. Lincoln)이 보낸 보스턴 관련 기념품을 선물로 받고 24일 뉴욕으로 다시 갔다. 그 후 민영익 일행은 계속하여 미국을 견학하다가 부사 홍영식은 샌프란시스코를 경유하여 귀국하였으나 민영익은 미국에서 알게 된 포크 해군중위(George C. Foulk)와 서광범 변수 등과 같이 대서양을 건너 프랑스, 이태리, 스위스, 영국 등을 둘러보고 지중해를 건너 수에즈 운하(Suez Canal)를 통과하여 인도양 싱가포르를 거쳐 제물포에 도착하였다. 민영익은 돌아와서 1884년 6월 3일 푸트 공사를 방문한 자리에서 "나는 암흑 속에 태어나서 광명 속에 갔다. 그런데 나는 다시 암흑 속으로 왔다. 나는 나의 앞날의 불길한 운명을 예견할 수 없다. 그러나 나는 그 운명을 곧 알고 싶다."라고 하였는데, 음미하여 보면 보스턴 박람회관람 등등을 통하여 본 미국문물에 대한 부러움과 경탄하는 마음을 솔직히 털어놓은 말인 것이다. 민영익 일행의 보스턴 박람회 관람은 큰 의미를 내포하고 있다. 민

---

58) 민영익은 노튼으로부터 박람회 방문 기념품을 보낸다는 글을 받았다. 『美案』 1(『舊韓國外交文書』 卷10)(高麗大學校 附設 亞細亞問題研究所, 1967), p.22.

59) 이민식, 『근대한미관계사』(백산자료원, 2001), p.220; 金源模, 「朝鮮 報聘使의 美國使行(1883) 研究(下)」, 『東方學志』 第五十輯(延世大學校 國學研究院, 1986), pp.333~335.

영익 일행이 한국인으로서는 처음으로 박람회를 관람하였기 때문에 세계박람회 역사상 우리나라는 비로소 관람국의 입장이 되었다는 점이다. 그러나 보스턴 박람회는 보스턴 지역기업박람회의 성격을 지니고 있고 민영익은 정부가 임명한 출품대원이 아니고 보빙사이기 때문에 세계박람회사적 해석에 보이고 있는 한계점을 보완할 방법은 없다.

6. 콜럼비아 세계박람회 전시장과 패널에
새겨진 우리나라 국호

1893년 미국 시카고 미시건 호반(Lake Michigan)에서 콜럼버스(Christopher Columbus) '아메리카 발견 400주년'(Fourth Centennial of the Discovery of America)을 기념하기 위하여 세계박람회가 열렸다.[60] 이 박람회를 처음 구상한 것은 필라델피아 세계박람회(1876: Philadelphia Centennial Exhibition of Arts, Manufactures and Products of the Soil and Mines)가 열린 1876년이었다. 그 뒤 미국은 관심을 갖고 있지 않다가 파리 세계박람회(1889: Paris Universal Exposition)를 계기로 뉴욕, 시카고, 성루이스, 워싱턴이 유치경쟁을 벌인 결과 시카고가 박람회장으로 선정되었다. 미국은 타국의 출품에 한하여 관세를 부가치 않기로 결정하고 잭슨 공원(Jackson Park), 워싱턴 공원(Washington Park), 미드웨이 프레이잔스(Midway Plaisance)를 부지로 정하여 랜드 멕넬리사(Rand, McNally & Co.) 빌딩에 사무실을 개설하여 전시관을 건축하였다. 설계의 총책임자는 뉴욕중앙공원의 설계자인 오름스테드(Frederick Law Olmstead, Sr.), 건

---

60) 콜럼비아 세계박람회를 위시한 세계박람회에 대한 연구 성과는 극히 미미하다. 소개하면 다음과 같다.

　　이민식, 「정경원의 대미외교와 문화활동」(1) 『韓國思想과 文化』 제3집(韓國思想文化學會, 1999). 이민식, 「정경원의 대미외교와 문화활동」(2) 『韓國思想과 文化』 제5집(韓國思想文化學會, 1999). 이민식, 「세계박람회에서 전개된 개화문화의 한 장면」 『韓國思想과 文化』 제13집(韓國思想文化學會, 2001: 이민식, 「19세기 콜럼비아 博覽記에 비친 정경원의 대미외교와 문화활동」 『근대한미관계사』(백산자료원, 2001): 이민식, 『세계박람회와 한국』(2000): 이민식, 「여수 엑스포 문제를 계기로 살펴본 세계박람회와 한국」 『韓國思想과 文化』(韓國思想文化學會, 2002): 『개화기의 한국과 미국 관계』(파주: 한국학술정보(주), 2009)

물 설계자는 설리반(Louis Sullivan)이 맡았다. 잭슨 공원에는 총괄기구가 있는 총무원(Administration Building)을[61] 비롯하여 주 전시관으로서 농산물전시관 (A: Agricultural Building),[62] 원예전시관(B: Horiticultural Building),[63] 가축전시관(C: Live Stock Pavillion),[64] 어류전시관(D: Fisheries Building),[65] 광물전시관(E: Mine and Mining Building),[66] 기계류전시관(F: Machinery Hall),[67] 수송물전시관(G: Transportation Building),[68] 제품전시관(H: Manufactures Building),[69] 전기전시관(J: Electricity Building),[70] 예술전시관(K: Fine Arts Bulding),[71] 교양전시관(L: Liberal Arts Building),[72] 박물관(M; Anthropological Building: Ethnological Building: Educational Buildng),[73] 목재전시관(N: Forestry Building)[74] 등을 건축하였다. 이 중에 교양전시관은 제품전시관과 박물관 일부에 시설하였다. 가장 규모가 큰 전시관은 제품전시관이었다. 이 전시관에 우리나라의 진열실이 자리 잡고 있었다.[75] 제품전시관은 타이프라이터가 진

61) *A Week at the Fair of the World's Columbian Exposition*(Chicago: Rand, McNally & Co., s, 1893), p.68; James W. Shepp and Daniel B. Shepp, *Shepp's World's Fair Photographed*(Chicago: Globe Bible Publishing Co., 1893), p.33; Arnold C. D. and Higinbotham, *Official Views of the World's Columbian Exposition*(Chicago: Department of Photography, 1883), p.23; John J. Flinn, *Official Guide to the World's Columbian Exposition*(Chicago: The Columbian Guide Company, 1893), p.28.

62) *A Week at the Fair of the World's Columbian Exposition*, p.119. 농산물전시관 전경: *Ibid.*, p.121. 농산물전시관 진열실 배치도.

63) *A Week at the Fair of the World's Columbian Exposition*, p.156. 원예전시관 전경: *Ibid.*, p.158.

64) *A Week at the Fair of the World's Columbian Exposition*, p.98. 가축전시관 전경.

65) John J. Flinn, *op. cit.*, p.58. 어류전시관 전경: *A Week at the Fair of the World's Columbian Exposition*, p.165. 어류전시관 배치도.

66) *A Week at the Fair of the World's Columbian Exposition*, p.57. 광물전시관 전경: *Ibid.*, p.59. 광물전시장 배치도.

67) *A Week at the Fair of the World's Columbian Exposition*, p.88. 기계류전시관: *Ibid.*, p.89. 배치도.

68) *A Week at the Fair of the World's Columbian Exposition*, p.44. 수송물전시관: *Ibid.*, pp.46~47. 배치도.

69) Flinn, *op. cit.*, p.78.

70) *A Week at the Fair of the World's Columbian Exposition*, p.52. 전기전시관 전경: *Ibid.*, p.83. 배치도.

71) Flinn, *op. cit.*, p.44; *A Week at the Fair of the World's Columbian Exposition*, p.171.

72) Flinn, *ibid.*, p.78.

73) *Chicago Tribune Glimpses of the World's Fair*(Chicago: Laird & Lee, Publisher, 1893), p.14.

74) Flinn, *op. cit.*, p.62; *A Week at the Fair of the World's Columbian Exposition*, p.109.

75) 이민식, 「미시건 湖畔 세계박람회에서 전개된 개화문화의 한 장면」, 『韓國思想과 文化』(韓國思想文化學會, 2001), pp.187~190.

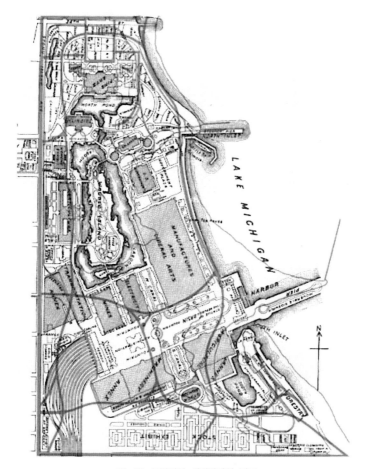

그림 12. 콜럼비아 세계박람회 지도
출처: Jackson Park Advisory Council Website‒World's
Columbian Expositopn of 1893‒map of the Fair.

열되어 있어 눈길을 끈 전시관이기도 하다. 예술전시관에서는 우리나라 도
자기가 유명하다고 알려져 있었다. 전기전시관에서는 프랭크린(Banjamin
Franklin)의 조상(彫像)을 세워 두고 벨 전화회사(Bell Telephone Company)가
전화를 전시하고 있어 특이하였다. 한편 잭슨 공원과 워싱턴 공원 사이에서
1마일 정도 서쪽으로 길게 뻗은 미드웨이 프레이쟌스에는 높이 264ft의 회
전식 관람차(Ferris Wheel), 한여름에도 얼음을 지칠 수 있는 아이스 레일웨
이(Ice Railway), 1,492ft까지 올라가는 승강대인 캡티브 벌룬(Captive Balloon)

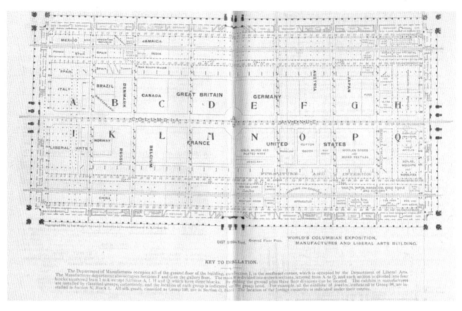

그림 13. 1893 콜럼비아 세계박람회 평면도. 한국관은 **B**구역에 위치

이 설치되어 있었다. 회전식 관람차는 콜럼비아 세계박람회(Chicago World's Columbian Exposition)의 상징으로 파리 세계박람회의 상징인 에펠탑보다 높은 것이었다. 캡티브 벌룬이 1,492ft까지 올라갈 수 있도록 만든 것은 콜럼버스가 아메리카 대륙을 발견한 연대인 1492년에 맞추어 만든 것이기에 그러하다.

콜럼비아 세계박람회의 많은 시설물 중에서 핵심이 되는 것은 총무원이다. 총무원은 주 전시관으로 둘러싸여 있었다. 동북쪽에는 제품전시관, 동남쪽에는 농업전시관과 기계류전시관, 북쪽에는 전기전시관과 광산물전시관등이 자리 잡고 있었다. 돔(dome)을 갖고 있는 팔각형의 건물로 뉴욕 출신 미국건축협회장 헌트(Richard M. Hunt)가 설계한 것이다. 출입문이 4개이며 주문은 서문으로 건물 내 코너에 ABCD 사무실이 있었다. A는 미국공무원 사무실, B는 박람회 집행사무실, C는 홍보실, D는 외국부 은행 통운회사 수위실이었다. 건물 가운데는 팔각형 홀이 열주로 둘러싸여 있었다. 팔각형 홀에는 아취가 있고 아취와 아취 사이에는 황금색의 16개의 청동 패널(판자)이 있었는데 그 위에 우리나라를 비롯한 48개국의 국호를 기재하여 놓았다.

오스트리아에서부터 알파벳 순서로 기재하여 놓았다. 우리나라는 29번째 'Korea'라고 기재하여 놓았는데 그 패널이 있는 곳은 동문 쪽이었다. 열 번째 패널에 기재되어 있었다.

중국은 12번째, 일본은 27번째 기재되어 있었는데 중국은 수지타산이 맞지 않다고 하면서 철수하였기 때문에 실제로 박람회 참가국은 47개국

그림 14. 콜럼비아 세계박람회의 총무원 전경
출처: World's Columbian Exposition of 1893 –
The Dream City – Ⅲ Architecture –
Administration Building

이었다. 국제적 대행사에 우리나라 국호가 중국이나 일본과 똑같이 패널에 기록되고 출품을 하였다는 것은 중요한 역사적 의미를 찾아낼 수가 있다. 한미통상조약 체결을 계기로 종주권 약화를 두려워하여 속방론을 폈던 중국과 정한론에 눈이 어두운 일본 사이의 갈등과 반목의 소용돌이 속에서도 콜럼비아 세계박람회가 중국 및 일본과 똑같이 패널에 우리나라의 국호를 기재한 것은 우리나라를 중국의 속방국이 아닌 독립국으로 보는 미국정부의 대한태도(對韓態度)를 엿볼 수 있다는 것이다. 또한 국제무대의 패널에 우리나라의 국호가 처음으로 기재된 것이니 이것은 세계무대에 첫걸음을 내딛는 증좌일 뿐만 아니라 1851년 세계박람회가 시작된 후 한국 5000년사에 없었던 역사적 사실이라는 데 큰 의미를 부여할 수 있다. 그래서 우리나라는 민영익의 보스턴 박람회 참관을 계기로 '관람국'의 입장에서 콜럼비아 세계박람회 패널을 통하여 '참가국'의 위치로 바뀌게 되었다.

콜럼비아 세계박람회에 주목되는 것은 박람회를 도와주면서 활동하였던 예술협회 보니(Charles C. Bonney)가 조직하였던 보조 세계대회(World's Congress Auxiliary)였다. 보조 대회는 '물질보다는 정신을, 물건보다는 사람'(Not Matter, But Mind: Not Things, But Men)이라는 모토를 내걸고 12개 분과를 두어 1,283회에 걸쳐 모임을 갖고 회의를 하였다. 보조 세계대회

는 인간의 정신문제를 논의하고자 세계 각국의 대표자들이 모여 회합을 가졌던 대회였다. 이 대회에 대하여 관심을 가졌던 사람 중에는 윌슨과 듀이 같은 유명한 인사도 있었다. 윌슨은 프린스톤대학 총장을 역임한 뒤 학자로서 대통령이 되어 1차 대전 후 민족자결주의를 주창하였던 인물로 한국인이면 누구든지 잘 아는 인물이다. 듀이는 프래그머티즘(실용주의) 교육철학자로서 해방 후 한국의 새 교육에 큰 영향을 끼친 인물이었다.

12개 분과와는 별도의 세계부인 분과(Woman's Branch: Mrs. Potter Palmer)와 세계종교 분과(Depart. of Religion: John Henry Barrow, ecumenical)를 두고 세계부인대회(World's Congress of Representative Woman)와 세계종교대회(World's Parliament of Religion)를 열었다.

세계부인 분과는 27개 분과를 두었는데 미 여성 의회 회장 시웰(May Wright Sewell)을 대회장으로 삼아 5월 15일부터 81회에 걸쳐 27개국에서 500명의 대표자를 여성관과 예술관에서 뽑아 놓고 1만 5천 명의 여성들이 운집하여 대회를 열었다.

세계종교대회는 많은 종교 토론 가운데도 1893년 9월 10일부터 9월 17일까지 주제를 놓고 벌인 토론이 돋보였다. 이 대회를 보면 서양문명의 바탕이 물질보다는 정신임을 이해할 수 있어, 종래 서양문명은 물질문명, 동양문명은 정신문명이 발달하였다는 등식이 오류라는 생각을 갖게 만들어 준다. 이 대회에 좌옹 윤치호가 유학생으로 워싱턴에서 시카고로 가서 참석하였다. 그래서 한국인으로서 이 같은 국제대회에 처음 참가한 이는 윤치호가 1호였다. 그는 9월 23일부터 여러 번 참석하였던 것이다. 그의 참가기는 그의 일기 '윤치호일기'에 자세히 영문으로 기록되어 있다.[76]

---

76) John E. Finding and Kimberly D. Pelle, *Historical Dictionary of World's Fairs and Expositions, 1851∼1988*(New York: Greenwood Press, 1990), pp.129∼130.

7. 콜럼비아 세계박람회에서의
문산 정경원의 활동

우리나라는 충주 출신 정3품 참의내무부사 정경원(正三品 參義內務府事 鄭敬源)을 1893년 콜럼비아 세계박람회 (Chicago World's Columbian Exposition) 출품대원으로 임명하여 미국 시카고에 파견하였다.[77] 정경원은 최문현 (崔文鉉), 안기선(安琪善) 국

그림 15. 한국관 출처: Bancroft 저서

악사 10명을 인솔하고 미국 주재 조선공사관원인 이승수(李承壽), 장봉환(張鳳煥), 이현직(李玄稙: 鉉稙)과 함께 제물포에서 3월 23일 일본선 이세환(伊勢丸)을 승선하여 고베에 와서(3. 27) 자동차로 도쿄에 도착한 다음(3. 29~4. 7) 요코하마로 가서 거기서 벨긱호(S. S. Belgic)로 갈아타고 샌프란시스코에 상륙하여 시카고에 도착하였다.[78] 도착한 역은 유니온역이었으며 인근 호텔로 가서 유숙하였다.[79] 우리나라의 전시실은 히긴보담의 설계로 이채연 대리공사에 의하여

---

77) 美案 1(『舊韓國外交文書』卷 11), 高麗大學校 附設 亞細亞問題研究所, 1967), p.710, 1893年 3月 16日; 高宗純宗實錄 中(探究堂, 1979), p.446, 癸巳 高宗 30年 1月 24日; 이민식, 『근대한미관계사』(백산자료원, 2001), p.481.

78)『鄭敬源文書』1月 15日~3月 13日.

7. 콜롬비아 세계박람회에서의 문산 정경원의 활동 ▶▶ 55

그림 16. 한국관 관장 정경원

제품전시관 내 B군 C-D 20-23에 개설하였으며 12명이 출품한 21종의 물품을 전시하였다.[80] 정경원은 5월 1일 이승수 알렌(Horace Newton Allen) 등과 같이 개회식에 참석하였다. 개회식 당일은 폭풍우가 심하게 불고 비가 왔다. 도로는 아직도 완성되지 못한 곳이 있어 물웅덩이가 많았다. 아침 7시쯤 비는 그쳤다.[81]

개회식장은 총무원의 앞뜰인 영광의 코트(Court of Honor)였다. 행사장에는 클리블랜드 대통령(Stephan Grover Cleveland)과 그레샴 국무장관(Walter Q. Gresham)이 참석하였다. 정경원은 이승수 등과 같이 식장으로 가서 대통령의 뒤에 자리를 잡았다.[82] 개회식은 콜럼비아 행진곡(Columbian March) 연주로 시작되었다. 곡이 끝나자 밀번 목사(Rev. William H. Milburn)가 기도를 하였다. 그 뒤를 이어 소녀 쿠두이양(Miss Jessie Couthoui)이 크로푸트의 시(W. A. Croffut)를 낭독하였다. 이 시는 "콜럼버스는 어두운 서쪽 대양으로 넘어가는 달을 슬프게 쳐다보고 있도다. 낮이 선 새들이 돛대 주위를 맴돌고 이름 모를

---

79) 정경원이 도착하여(4. 29) 숙박하였던 여관이 팔머 하우스였고 다음 날 42가 275호로 옮겼다. 그 후(5. 3) 정경원이 유숙한 곳은 지명과 번지가 미상이다.

80) Hubert Howe Bancroft, *The Book of the Fair*, Chapter 8, p.221; *Ibid*., chapter 9, p.219: *Ibid*., Chapter 10, p.916; The Official Directory of the World's Columbian Exposition, May 1, 1893-Oct. 30, 1893, F38MZWI 1893 D81 v.2, List of Awards(Foreign) as Copied for Mrs. Verginia C. Meredith, Chairman, Committee on Awards, Board of Lady Managers from the Official Records in the Office of Hon. John Boyd Thacher, Chairman Executive Committee on Awards, Washington. D.C.; Johnson Rossitte ed., *A History of the World's Columbian Exposition Held in Chicago in 1893*, vol. 2(New York: D. Appletion and Company, 1897), p.230. 우리나라는 출품 중에서 5종을 박람회 당국으로부터 메달을 받았다.

81) 『鄭敬源文書』 3月 16日字.

82) Rossiter Johnson ed., *A History of the World's Columbian Exposition Held in Chicago in 1893*, vol. 1(New York: D. Appletion and Company, 1897), p.345. 존슨은 개회식 장면을 "대통령 뒤에는 외국의 외교단과 출품대원과 영사가 앉아 있었다."라고 한 것을 보면 정경원이 앉았던 곳을 알 수 있다.

꽃들이 정처 없이 떠다니는 배 주위에 떠다니도다."라고 시작하여 "해가 지면 서쪽으로 뱃머리를 돌려 누구든지 오던 길로 돌아가게 하지 말라. 말대로 그리하여 핀타호의 뱃머리에서는 트럼펫 노랫소리가 울려 퍼지고 있도다. 아! 빛나라! 아! 빛나라!"로 끝나는 장시였다.[83]

낭독이 끝나자 와그너(Wagner)의 리엔지(Orchestral Overture to Rienzi)가 연주되었다. 이어 총무 데이비스(George R. Davis)와 대통령의 연설이 있었다. 대통령의 연설내용은 "미국은 보통교육과 미국인의 최상의 추진력으로 나라의 신용

그림 17. 주미조선공사관 대리공사 이승수

도와 인간개조를 위하여 오랫동안 노력하여 이룩한 결과를 가질 수 있도록 우리들에게 주어진 기회를 갖게 되어 진심으로 기뻐합니다. 돌이켜 보면 미국은 신생국으로서 끊임없는 발전과 경이로운 완성을 이룩하여 왔으며 적극적이며 독립적인 국민상을 제시한 나라였습니다."라는 것이었다.[84] 연설이 끝나자 대통령은 헨델의 할렐루야(Hallelujah) 합창곡이 울려 퍼지는 가운데 분수대 키를 작동시키니 콜럼비아 분수대(Columbian Fountain) 등이 물을 뿜기 시작하였다.[85] 이어 제품관 남문 쪽의 내만(內灣: Basin)에 있는 황금색의 공화국상(State of Republic)을 제막하니 군중들은 '아메리카'(America)를 부르면서 전시관으로 발을 옮겼다.[86] 대통령은 콜럼비아 분수대를 지나 다리를 건너 제품전시관의 정문인 서문으로 들어갔다. 정경원은 미국 진열실

83) *Ibid.*, pp.345~347.

84) *Ibid.*, pp.350~351.

85) *Ibid.*, p.351; 이민식, 「미시건 湖畔 세계박람회에서 전개된 개화문화의 한 장면」 『韓國思想과 文化』(韓國思想文化學會, 200), pp.164~168.

86) James W. Shepp and Daniel B. Shepp, Shepp's World's Fair Photographed(Chicago: Globe Bible Publishing Co., 1893), p.20.

그림 18. 공화국상: 높이 65ft.
오른손에는 독수리가 앉아 있는 지구
(온 세계국의 자유에의 초대 의미),
왼손에는 캡(자유 의미)이 있는
장대를 들고 있다(D 표지).

이 있는 북문 쪽에서 대통령을 만나 악수를 하니 이때 우리나라 국악사들이 국악을 연주하였다.[87] 이는 우리나라가 서구세계에서 우리의 국악을 처음 연주한 사실이라는 데 주목이 된다. 이때 연주된 국악을 들어본 서양인들은 그 소리가 심벌즈와 같다고 하였다.[88] 얼마 안 있다가 국악사들은 모두 귀국하였다(5. 3). 정경원은 외교행각에 나섰다. 개회식 이튿날 정경원은 문학을 공부한다는 미국인과 오랫동안 담론을 하였다. 담론을 같이한 미국인은 누구인지 확실히 밝혀진 것은 없다. 그러나 우리나라에 대하여 상당한 지식을 갖고 있었던 사람으로 그의 담론에 주목이 된다. 그 미국인은 "귀국은 어찌하여 한글을 쓰지 않고 한문을 쓰느냐?"고 질문하니 정경원은 "저가 보건대 각 나라의 국문은 말로만 되어 있어 음은 있으나 뜻이 없지만 한문은 음과 뜻 둘 다 갖추고 있어 이해하기 쉽고 성현들의 심법(心法) 정치가 한문 속에 실려 있어 타국의 글자와는 비교가 안 되기 때문에 한문을 숭상하고 쓴다."라고 답을 하였다.[89] 그는 5월 25일 워싱턴으로 가서 대통령을 다시 만났다.[90] 그 후 워싱턴에 머물고 있으면서 사진을 촬영하였다. 사진관은 CM. Bell이었다.[91] 워싱턴에서 시카고로 돌아

---

87) 『鄭敬源文書』 3月 16日字. Johnson, *op. cit.*, p.236.

88) Johnson, *ibid.*, p.352.

89) 『鄭敬源文書』 3月 17日字.

90) 『鄭敬源文書』 5月 5日字; 이민식, 『근대한미관계사』(백산자료원, 2001), p.521; United States. Department of State. Note from the Department of State to the Korean Legation, 1888~1905. File Microcopies of Records in the National Archives, Washington, D. C.: No. 99, Roll 68, p.28, Department of State to Ye Cha Yun, May 24, 1893.

그림 19. 오디토리움 호텔(1893) - 현재 루즈벨트 대학 9층이 대연회장이었음
-국제적 한국 연회의 최초 개최지.

와서 정경원은 독일 연회에 참석하였다. 손님이 많았는데 머리에 수건을 두른 터키인의 모습에 기이한 인상을 받았으며 의관을 갖추어 긴 옷을 입고 움직이는 동작이 한결같은 사람은 정경원뿐이었다.[92] 우리나라의 주최 연회는 9월 5일 오디토리움 호텔(Auditorium Hotel) 9층 연회실에서 행하였다. 당시 오디토리움 호텔은 시카고의 제1급 호텔이었다. 17층까지 엘리베이터가 운행되고 있었다.[93] 지금은 오디토리움 호텔은 루즈벨트 대학(Roosevelt University)이 차지하고 있고 9층 연회실은 루즈벨트 연구소로 활용되고 있다. 정경원은 "콜럼비아 세계박람회 조선출품대원 정경원과 주미조선공사관 대리공사 이승수는 9월 5일 목요일 7시 저녁 오디토리움에서 귀하와 정찬을 같이하는 영광을 갖고자 하니 참석의 영광을 베풀어 주십시오."라는 내

91) 『鄭敬源文書』 3月 17日字.

92) 『鄭敬源文書』 5月 5日字 각국 연회의 부.

93) A Week at the Fair of the World's Columbian Exposition(Chicago: Rand, McNally & Co., s, 1893), p.22, p.248. John J. Flinn, Official Guide to the World's Columbian Exposition(Chicago: The Columbian Guide Company, 1893), pp.198~199.

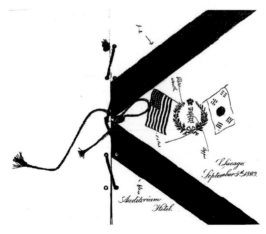

그림 20. 기념품: 붉은색 막대기 모양 – 오른쪽,
푸른색 막대기 모양 – 왼쪽,
태극 위쪽 – 푸른색, 태극 아래쪽 – 붉은색

용의 초대장을 각국 출품대원에게 보내고 참석자들에게는 태극기와 성조기가 그려진 기념품을 나누어 주었다.[94] 정경원은 박람회를 끝내고 귀국하여 건청궁(乾淸宮)에서 고종에게 귀국보고를 하였다.[95] 그는 명함을 1,000장이나 돌렸으며 도우미 서병규(徐丙珪)와 박용규(朴鏞奎)의 영어 통달로 언어 소통에 불편함이 없었다고 고종에게 보고했다. 우리나라 물건들은 외국인들에게 너무 신기하게 보여 관람자가 너무 많아 일일이 대응할 수가 없어 물품명과 용도를 종이에 써서 물품에 붙였다고 하였다. 정경원은 귀국 후 내각의 회의원이 되고 이후 동학토벌의 호서선무사, 법부협판, 평양부관찰사 등으로 활약을 하였다.[96]

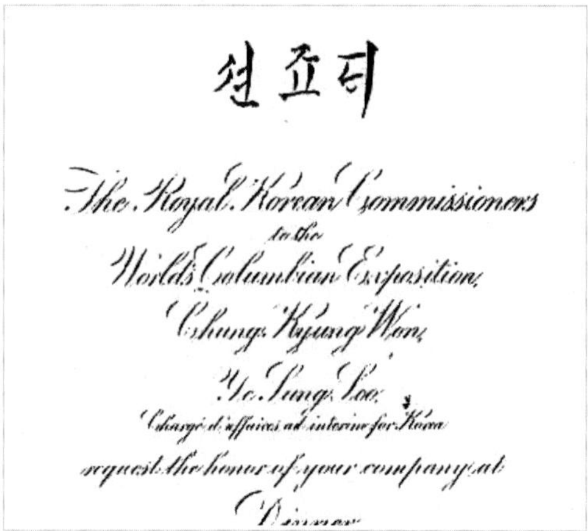

개화의 선구자 정경원의 콜럼비아 세계박람회에서의 활동은 우리나라의 전통문화를 서방세계에 처음 알리는 계기가 되었다는 점에서 역사적 의의가 크다고 할 수 있다. 그러므로 정경원은 한국 근대사에 큰 족적을 남긴 인물이라고 할 수 있다. 헐버트(Homer Bezaleel Hulbert)

션교티

The Royal Korean Commissioners
to the
World's Columbian Exposition,
Chung Kyung Won,
Yo Sung Soo,
Chargé d'affaires ad interim for Korea
request the honor of your company at
Dinner

그림 21. 연회 초대장

94) Invitation to Dinner at the Auditorium in Downtown Chicago; Place Setting Souvenir of Korea Dinner.

95) 『承政院日記』 高宗篇 12卷(國史編纂委員會, 1968), p.762; 『日省錄』 78(서울大學校 奎章閣, 1996), pp.759~760; 『高宗純宗實錄』 中, p.472, 高宗 30年 11月 9日條.

96) 이민식, 앞의 책, pp.574~577.

는 "조선정부의 많은 지도자급 관료들은 최고의 유용한 인물들이 많았다. 이들은 당대 한국이 지향하는 최상의 정부를 이룩하였다. 그들의 이름은 다음과 같다. 김홍집, 박정양, 김윤식, 김종한, 조희연, 이윤영, 김가진, 안경수, 정경원 등이다. 이들 중 많은 사람들은 조선이 근자에 낳은 최고의 인물로 인식되고 있다."고 하였는데 음미할 만한 대목이다.[97]

그림 22. 총무원(돔형 지붕)과 영광의 코트 –
이 건물 동문 내 원주 패널에 우리나라
국호가 적혀 있었다(Z 397).

그림 23. 콜럼비아 세계박람회 조감도
출처: World's Columbian Exposition of
1893 – Hights – Interacctive – Bird's Eye View

그림 24. 콜럼버스가 기거하였던 라라비다 수도원
출처: World's Columbian Exposition
of 1893 – Dream City – Dream City
Lauout – Covent of La Ravida

그림 25. 콜럼비아 세계박람회 시 복제한
콜럼버스가 운행한 산타마리아호

---

97) C. N. Weems ed., *Hulbert' History of Korea*(London: Routledge & Kegan Paul, 1962), vol. Ⅱ, pp.266~267.

8. 파리 세계박람회(1900)와 우리나라 참가

1) 초기 프랑스 세계박람회

프랑스는 런던 세계박람회(The Great Exhibition of the Works of Industry of All Nations)가 끝나고 4년 뒤인 1855년 나폴레옹 3세(Napoleon Ⅲ)시대 처음으로 세계박람회를 열었다. 이후 프랑스는 1867, 1878, 1889, 1900, 1925, 1937년 세계박람회를 개최하여 박람회를 많이 연 나라 중의 하나가 되었다. 최초의 프랑스 세계박람회로서 파리 세계박람회(1855: Paris Universal Exposition)는 영국의 크리스털궁(Crystal Palace)처럼 한 전시장만 설치하지 않고 주 전시관 이외 산업전시관, 예술전시관 등 여러 종류의 전시관을 건축하였다. 주 전시관은 돌, 벽돌, 유리로 지은 것인데 그 넓이가 800×350ft였다. 총 출품자 수는 23,954명이었는데 이 중에 11,986명이 프랑스인이었으며 나머지는 외국인이었다. 미국은 144개 종을 전시하고 13개 종은 예술전시관에 전시하였다.[98] 이 박람회는 총 관람인이 5,162,330명이었으며 지출비용은 2,257,000$(프랑스 정부 지출액 5,000,000$는 별도)이었으나 총수입은 644,100$ (3,202,405프랑)이었다.[99] 나폴레옹 3세의 후원으로 연 1867년 세계박람회(1867: Paris Universal Exposition)는 장소가 37acres의 Champ de Mars였다. 4월 1일~11월 3일까지

---

98) John J. Flinn, *Official Guide to the World's Columbian Exposition*(Chicago: The Columbian Guide Company, 1893), pp.265~266. 핀딩(John E. Finding)은 전(全)전시관 넓이를 29acres라고 하였다.

99) *Ibid.*, p266. 핀딩은 손해를 본 박람회라고 하였다.

32개국이 참가하여 열렸다. 50,226명이 출품하였으며 10,200,000명이 관람하였고 2,103,675$의 수입을 올렸다.[100] 프랑스제국이 무너지고 공화정시대에 열린 1878년 세계박람회(1878: Paris Universal Exposition)도 100acres의 Champ de Mars에서 개최되었다. 주재는 '세계의 예술품과 산업자원의 전시'(Exhibition of the Works of Art and Industry of All Nations)였다. 5월 1일부터 10월 10일까지 열렸던 박람회로 16,032,725명이 입장하였으며 2,531,650$ (12,253,746프랑)의 수입을 올렸다. 당시 미국은 75,000명이 박람회에 참여하였다.[101] 1889년 세계박람회 (1889: Paris Universal Exposition)는 프랑스대혁명 100주년을 기념하기 위하여 열린 박람회였다. 173acres의 Champ de

그림 26. 프랑스 건축가 에펠이 설계한 1889년 파리 세계박람회를 상징하는 명물. 높이가 **984ft**이다. 우리나라가 처음 참가한 미국의 콜럼비아 세계박람회장을 설계할 때 시카고 시가 에펠탑보다 더 높은 탑을 세우려고 계획하였으나 실현하지 못한 적이 있다(H 210).

Mars에서 열리었다. 높이 984ft의 에펠탑(Eiffel Tower)으로 유명한 박람회였다. 기계전시관은 넓이가 1,378×406ft로 높이가 166ft였으며, 건물가가 1,500,000$였다. 예술전시관은 1,350,000$, 프랑스 전시관은 1,150,000$, 공원 정원 조성비가 16,500,000$였다. 55,000명이 출품하였다.[102]

2) 1900년 파리 세계박람회와 대한제국기의 우리나라 참가

　1900년 파리 세계박람회(Exposition Universelle et Internationale de Paris 1900)는 '한 세기의 평가'(Evaluation of a Century)를 주제로 내걸고[103] 277acres의 회

---

100) Ibid., p.268. 핀딩은 4월 1일부터 10월 1일까지 박람회가 열렸다고 하였다.

101) Ibid., p.272.

102) Ibid., pp.273~274.

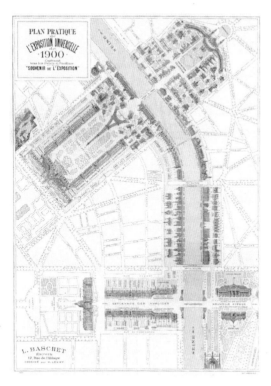

그림 27. 1900년 파리 세계박람회 지도(W)

장 위에 21개의 전시관을 짓고 40여 국이 센 강변에서 개최되었다(4. 15 ~ 11. 12). 박람회장은 피카드(Alfred Picard)였다. 박람회의 목적은 교육과 지식, 순수 미술과 장식미술, 기술과 노작(勞作), 건강과 위생 관련품을 전시하는 것이었다. 박람회가 역사에 남겨 준 것은 최초의 지하철 도시 건설, 전철역 건설, 러시아 황제의 이름을 따서 만든 폰트 알렉산더3세교(Pont Alexandre Ⅲ), 대예술관(Grand Palais)과 소예술관(Petit Palais) 건설이었다. 전철은 총 2mile이었는데 탑승소요 시간이 20분 정도 걸렸다. 트랙이 3종이 있었는데 트랙마다 운행속도가 약간의 차이가 있었다. 트랙에는 "조심하세요. 나무를 조심하세요. 머리나 다리를 밖으로 내놓지 마세요." (Caution, Beware of the trees, Put out neither head nor legs.)라는 경구가 보였다.104) 박람회의 자랑거리 중의 하나는 5,700개의 전구를 켰던 전기전시관(Palace of Electricity)이었다. 센 강변에는 영국전시관 등 외국전시관이 위치하고 있었다. 대예술관은 5월 2일부터 개관하여 프랑스 혁명전(1800~1889)의 작품을 전시하였다. 이 예술전시관은 1855년 박람회 때 산업전시관으로 지은 것을 헤나르드(Eugene Henard: 1849~1923)의 아이디어로 부수고 소예술전시관과 폰트 알렉산더 3세교와 같이 지은 것이다. 설계자는 기라울트(Charles Louis Girault: 1851~1932)였다. 이 예술관의 입구는

103) *2010 World Expo Information Hall*(2010년 세계박람회 홍보관, 2001), p.11.

104) http://www.studygroup.org.uk/Paris%20Universal%20Exposition%201900.htm

니콜라스 2세 대로(Avenue Nicholas Ⅱ: 지금 윈스톤 처칠가)에 면하여 있었다. 외벽은 돌, 지붕은 유리로 지은 것인데 크기는 500×175ft였다. 앞면에는 루이 16세시대의 열주가 세워져 있었으며 주문의 석주 초석이 그리스식 로마식 페니키아식 르네상스식으로 치장되어 있었다. 전시관 내부는 2층으로 되어 있었는데 주문을 통해 들어가면 큰 홀을 볼 수 있었다. 홀의 오른쪽에는 프랑스 예술품, 왼쪽에는 외국의 예술품을 전시하고 있었다. 이 예술전시관에는 부속전시관이 달려 있었다. 이 예술전시관은 프랑스 세계박람회를 대표할 수 있는 전시관으로 균형미가 있는 아름다운 전시관이었다. 이 전시관은 1925년과 1937년 박람회 때도 전시관으로 이용되었다. 소예술전시관은 대예술전시관을 따라가 보면 있는데 중세시대부터 와또(Watteau)시대까지 프랑스 예술품을 전시하고 있었다. 소예술전시관은 예술품 전시에 있어서 대예술전시관과 조금도 손색이 없었으며 관람객들에게 큰 인상을 주었다. 책임설계가 기라울트는 18c. 프랑스양식에 따라 소예술전시관을 지었다. 정면은 동측에 위치한 대예술관 건너편에 면하여 있었다. 사각형의 건물로 주문이 디오클레티아누스궁(305)을 연상시켜 주었다. 기둥은 프랑스 바로크 양식이었다. 처마 끝에 세워둔 조상은 베네티안 르네상스식이었다. 전체적으로 균형미가 있었던 건물로 부조물을 많이 세워 놓고 있었다. 소예술전시관은 1800∼1900년간 프랑스 예술의 역사를 전시하였다. 소예술전시관은 파리의 예술품 수집은 물론 예술을 부흥시킨 예술의 집이었다.

우리나라는 의정부 참찬 민병석(閔丙奭)을 파리 세계박람회 한국관 관장(한성총재 본국사무대원)으로 삼고 영광보성(榮光寶星: Vitor Emile Joseph Collinde Plancy 공사: 1853∼1924) 도위도(都尉陶: Delort de Gléon)를 관원(한국박물국 사무총무대원)으로 임명하였으나 민영찬(閔泳瓚)을 한국관 관장(巴璃博覽會 漢城本局 博物 事務部員)으로 바꾸었다(1998. 6. 13).[105] 그래

---

[105] 『高宗純宗實錄』 下卷(探究堂, 1979), p.39, 高宗朝 光武 2年(1898) 5月 23日條; 같은 實錄, p.41, 光武 2年, 6月 13日條; 같은 實錄, 5月 23日條. pp.212∼213, 光武 5年 5月 31日條. 참고한 원문은 다음과 같다.
5月 23日條
命議政府參贊 閔丙奭, 爲法國巴璃京都萬國博覽會在漢城總裁本國事務大員, 法國人佩帶五等榮光寶星 男爵都尉陶, 爲欽派法國巴離都萬國博覽會韓國博物局事務總務大員.

그림 28. 1900년 파리 세계박람회 시 우리나라 전시관
(조 2000. 5. 10)

서 주조선프랑스공사관원 살타렐(P. M. Saltarel; 薩泰來)의 안내로 프랑스인 자작 미머렐(Count August Mimerel Ⅳ 米謨來: 1867～1900: 萬國博覽會 韓國博物局 事務總務大員)을 파견키로 하고, 민영찬(1900. 1. 16)을 관장으로, 상인 알례백(晏禮白: Chrles Alevéqe)을 위원으로 (1. 26) 삼아 공사 고환뇌물앙(古恒雷物仰닌스: Plancy 漢字異記)과 프랑스 포병 참령 비달(Capt. Polyeucte Vidal)에게 박물괴 17쌍, 민영찬에게 15쌍을 휴대케 하여 세계 박람회에 참가하였다.106) 우리나라 전시관은 재정후원자 그레옹의 도움으로 프랑스 건축가 페레(M. Ferret: 幣乃)가 지은 것으로 박람회장 중심인 Champ de Mars(Avenue Suffren)의 한 구석인, 회전식 관람차 오른쪽에 위치하고 있었다. 크기는 320㎡ 건물가격은 87,000프랑으로 고종의 어진과 민상호(閔商鎬)의 초상화를 전시하였다. 박람회가 끝난 뒤 자작 미모래 사무원 매인(梅仁: Edouard Mene)에게는 2등 8괘장, 사무원 총령 사락리라(事駱里羅: Châtellerault: 가내공장의 무기 검정관)에게는 3등 8괘장, 건축사 페레, 프랑스 공사, 참서관 살타렐에게는 4등 8괘의 서훈을 수여하였다.107)

당시 우리나라는 콜럼비아 세계박람회에 처음 참가한 이후 두 번째로 파리 세계박람회에 출품한 것이다. 이 박람회는 대한제국 성립(1897)으로 인하

6月 13日條
十三日 命法部協辨閔泳瓚, 爲法國巴璃京都萬國博物會在漢城本國博物事務部員.
5月 31日條
卽接法國巴璃萬國博覽會副員閔泳瓚報告, 則博覽會法國人之幹事于大韓博物局諸員, 效勞顔多……

106) 金源模, 近代韓國外交史年表(檀大出版部, 1984), p.176.
107) 『高宗實錄』 光武 5年 5月 31日條.

여 떨친 나라의 위세를 배경으로 출품하였던 것이다. 한국세계박람회사를 보면 우리나라는 파리 세계박람회 이후는 대부분 초청을 거부하다가 일제의 강점기가 지난 뒤 1962년 시애틀 세계박람회(1962 Seattle World's Fair)에 참가하기 시작하였다. 우리나라가 초빙을 거부하였던 박람회는 시일공사 (John M. B. Sill)가 알선한 테네시 성립 100주년 기념 박람회(celebration of the one hundreth anniversary of the founding of the State of Tennessee: 1897. 4. 30일 개막),[108] 필라델피아 상공박물관장 윌슨(Wilson)의 필라델피아 상업박물관(Philadelphia Commercial Museum) 주최 박람회(1899. 9. 14),[109] 루이지애나 매수 기념 세계박람회(Louisinia Purchase International Exposition: 1904. 4. 30. 개막),[110] 포틀랜드 루이스 클라크 박람회(Lewis and Clark Centennial and American Pacific Exposition: 1905. 5. 1. 개막)였다.[111] 이 중에서 루이지애나 매수 기념 세계박람회를 위하여 알렌 공사(Horace N. Allen)가 알선하고 박물원 바레트(John Barrett)가[112] 우리나라까지 와서 고종을 알현하고 홍보를 하였으나 출품하지 않았다.

3) 하노이 박람회와 영일박람회

이 박람회(1902~03 Hanoi Expo)는 1890년대부터 프랑스가 개최할 생각을 가졌다. 1900 파리 세계박람회 일환으로 개최하였다. 프랑스 식민지청과 외국박람회위원은 베트남과 다른 나라와의 교역 증진을 꾀하고 동남아시아 식민지의 경제적 효용을 극대화하기 위한 일환으로 개최하였다. 프랑스 박람회 조직위원장 부르지어스(Paul Bourgeois)의 지도하에 개최하였다(1902. 11. 16~1903. 2. 15). 박람회장은 41acres로 하노이에 있는 철도역 부근에 있었다. 전시관은 필리핀, 말라야 섬, 일본, 중국, 대만, 대한제국의 국가관,

---

108) 美案 2(『舊韓國外交文書』 卷 11), 高麗大學校 附設 亞細亞問題研究所, 1967), p.164.

109) 美案 2, p.604, p.664.

110) 美案 3(『舊韓國外交文書』 卷 12), 高麗大學校 附設 亞細亞問題研究所, 1967), pp.192~193.

111) 美案 3, pp.577~578.

112) 美案 3, pp.323~324.

기타 식민지관, 기계관, 농업관, 예술관으로 구성되었다. 예술관은 프랑스 예술가 200명을 동원하여 마르스(Roger Marx)가 설계하여 지었다. 출품자는 4,000명이었다. 출품은 악기, 연주도구, 삼림제품, 향료, 비행기, 발전기, 필리핀 촌락(주마닐라 부영사가 만든 것임.), 인종 퍼레이드와 춤 등이었다. 개막은 했으나 입장객이 적어 박람회가 종료되자 그랜드궁(Grand Palace) 외는 박람회 건물과 길거리를 없앴다. 그랜드궁은 식민지 박물관으로 사용하였다. 이 박람회는 서구와 식민지를 연결하여 제국주의의 위세를 보이기 위하여 개최한 박람회이다.113) 한국세계박람회사를 보면 하노이 박람회 이후에 이 같은 성격의 박람회에 또 출품한 적이 있었다. 1910년 5월 영일동맹을 기념하기 위하여 런던에서 '영일박람회'(Anglo-Japanese Exposition of 1910)를 개최하였다. 이때 우리나라는 한일합방 직전으로 '통감부'(Residency General of Japan in Korea)라는 주제를 갖고 출품하였다.114)

---

113) Robert W. Rydell, "Hanoi 1902~1903", *Historical Dictionary of World's Fairs and Expositions, 1851~1988*(New York: Greenwood, 1990), pp.176~177.

114) Daniel Kane, "Korea in the White City: Korean Participation in the World's Columbian Exhibition of 1893." Transaction of Royal Asiatic Society of Korea Branch, vol. 77, 2002, p.40, p.56.

9. 제2차 세계대전 후 최초의 세계박람회
─브뤼셀 세계박람회

제2차 세계대전 후인 1958년 벨기에 브뤼셀에서 제2차 대전 후로는 처음으로 세계박람회가 열렸다(Bnussels Universal and International Exposition; 4. 7~10. 19). 2차 대전으로 뉴욕 세계박람회(1939~40) 이후 중단되었던 세계박람회가 18년 만에 처음 열린 것이다. 1958년 4월 17일부터 10월 19일까지 열린 박람회이다.

주제는 '더 인간적인 세상'(A more human world)이었으며 목적은 벨기에 및 벨기에의 아프리카 식민지의 경제적 발전을 도모하자는 데 있었다. 그중에도 벨기에의 광산업 진흥을 꾀하고 콩고의 지배를 강화하려는 데 큰 목적을 두었다.

그러나 냉전 체제 속에서 서구의 과학과 기술이 위협을 받고 있는 가운데 상징탑이 있는 곳에는 핵 파괴력 위력의 그림자가 맴돌고 있었다. 벨기에 정부, 식민지 회사의 재정으로 1947년 개최하려 하였으나 한국전 때문에 1958년으로 연기하여 연 것이다.

세계박람회 장소는 Heyel공원으로 넓이는 500acres로 44개국이 출품하였고 41,454,412명이 방문하였다. 수입이 지출을 능가한 세계박람회이다.[115]

전시장 모양이 어린이 장난감처럼 보였다. 어깨 부분에는 외국전시장, 몸

---

115) Finding and Pelle, *Historical Dictionary of World's Fairs and Expositions, 1851 ─1988*(New York: Greenwood Press, 1990), pp.311~318.

그림 29. 박람회의 상징 아토미움(Atomium)(W)

체에는 벨기에 및 벨기에 식민지 전시관, 후미에는 과학 및 예술관이 자리하고 있었다. 냉전 체제이기 때문에 전시관은 미국전시관과 소련 전시관의 대결 구조를 이루고 있었다. 소련은 전시관 앞에 레닌상을 세워 놓고 위세를 떨었다. 미국은 아이젠하워가 의회에 특별자료 지원을 요청하였으며 아메리칸의 평범한 스타일의 전시관을 만들어 소련에 대결하였다. 많은 나라들이 핵의 위협에서 벗어나려는 시도에서 핵우산, 핵의 에너지 전용을 위한 전시를 하였다.

브뤼셀 엑스포는 벨기에에 많은 도움을 주었던 세계박람회이다. 박람회장 건설에 따라 실업자를 구제할 수 있었다는 것이 그 한 예이다. 두 번째는 관광수입을 올릴 수 있었다는 것이다. 세 번째는 전시관 재건축을 하여 아름다운 건물이 많이 생겨났다는 것이다. 네 번째는 넓은 공원이 확보되었다는 것이다.116)

---

116) 이민식, 『개화기의 한국과 미국 관계』(파주: 한국학술정보(주), 2009), pp.311~312.

10. 스페이스 니들의 시애틀 세계박람회

　제2차 세계대전으로 중단되었던 세계박람회를 1955년 벨기에 브뤼셀에서 열려고 하였으나 한국전의 발발로 연기하였다가 대전 후 처음으로 열렸다 (1958). 샌프란시스코 금문 국제박람회(1939~1940) 이후 18년 만에 열린 것이다. 그런데 전후의 냉전은 브뤼셀 세계박람회(Expo '58) 후 부다페스트 지역박람회(1996)까지 30년간 동서양 진영 간의 '힘겨루기' 작전으로 소련이 그 선두에 서 있었다. 이에 맞서 미국은 미국인의 생활양식의 우수성을 알리는 데 주력하면서 거대한 블록을 형성하여 갔다. 그래서 미국의 전시관은 미국지성의 전위대, 서구문화의 집합체 그 자체였던 것이다.

　시애틀 세계박람회(1962 Seattle World's Fair)는 이 같은 시대적 배경의 연장선상에서 '우주시대의 인류'(Man in the Space Age)를 주제로 열렸던 것이다. 시애틀 세계박람회의 시원은 알라스카 유콘 퍼시픽 세계박람회 (1909: Alaska – Yukon – Pacific Exposition)로 올라간다. 클론다이크 골드러시(1897: Klondike Gold Rush) 12주년 기념을 계기로 논의하기 시작하여 '알라스카 유콘 퍼시픽 세계박람회 50주년 기념사업'(1959)으로 시애틀 세계박람회 개최를 추진하면서 박람회 명칭을 '21세기의 박람회'(Century 21 Exposition)로 정하였다. 그때 주관은 21세기 회사(Century 21 Corporation) 회장 칼슨(Edward Carlson)과 이사 딩월(Ewen Dingwall)과 이사보 페이버 (James N. Faber)가 하였다. 이들은 미국과학발전 위원회(American Association for the Advancement of Science)의 후원을 받고 있는 의회의 회기 중 과학자들과 관리들을 만나 박람회를 열 수 있었다. 그러나 소련의 1957년 10월 4

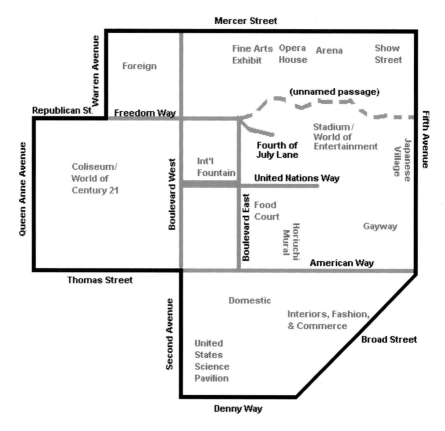

그림 30. 박람회 전시구역 배치도(W) -. 한국관은 국제전시관에 위치

일 스푸트니크호 발사로 입은 충격과 브뤼셀 세계박람회에 참석하여 느낀
공포심이 기념박람회를 과학 주제의 박람회로 바꾸게 만들었다. 그래서
BIE는 시애틀을 1960년 11월 세계박람회장으로 정하였다. 시애틀 세계박
람회는 1962년 4월 21일 정오 플로리다에서 케네디 대통령(John Fitzgerald
Kennedy)이 금제 전신기를 눌러 메시지를 보냄으로써 워싱턴 주 콜리세움
(Coliseum)에서 개막하여 4월 21일부터 문을 열었다. 박람회장은 시애틀 센터
(Seattle Center)에 있었는데 그 넓이가 74acres나 되었는데 80,000,000\$를 투자
하여 전시관을 짓고[117] 우주시대 인간의 세계(Man's Life in the Space Age),
과학의 세계(The World of Science), 상공의 세계(The World of Commerce and

---

117) 「宇宙時代 人間의 모습」 『朝鮮日報』, 1962年 4月 22日.

Industry), 우주시대의 정보세계(Space Age Communications), 미술의 세계(The World of Art), 국제전시관 및 각 주 전시관의 영역(International and State Pavilions)으로 나누어 관람토록 하였다.[118]

우주시대 인간의 영역은 21세기의 인간의 모습을 보여준 것이다. 넓이가 24acres로 워싱턴 주 콜리세움에 위치하고 있었다. 콜리세움의 중앙에는 '21세기 주제극장'(Century 21 theme theatre)이 위치하고 있었으며 지붕 위는 원추형인데 정점까지 엘리베이터가 운행되었다. 이 극장에서는 인간의 미래 생활에 대한 21분짜리 드라마를 상영하였다. 뿐만 아니라 아크로폴리스(Acropolis), 마릴린 먼로(Marilyn Monroe) 등의 이미지를 볼 수 있었다.

과학의 세계 영역은 지금의 태평양과학전시관(Pacific Science Center)인 미국전시관(United States Science Pavilion)에서 관람할 수 있었다. 과학의 세계에서 볼 수 있는 것은 6개의 장면이었다. 과학의 집, 과학의 발전, 우주의 관람, 과학의 방법, 과학의 한계, 과학의 실제가 그러한 것이다.

상공의 세계 영역은 불레바드 21번(Boulevard 21)을 따라 서 있는 상공의 세계전시관에서 미국산업의 발전을 볼 수 있었다. 이 전시관에는 포드 자동차가 전시되어 있었다. 포드 자동차는 비인기 품목이었으나 박람회장 갠디

그림 31. 국제전시관: 원자의 평화적 이용을 전시한 영국진열실을 보면 냉전의 심각성을 실감할 수 있다. 우리나라 진열실이 있었던 전시관(GI)

그림 32. 시애틀 센터의 시애틀 세계박람회장 (21세기의 박람회장)(E)

118) 「宇宙時代 人間의 모습」 『朝鮮日報』, 1962年 4月 22日.

그림 33. 시애틀 세계박람회의 스페이스 니들:
칼슨의 구상. 21세기 우주시대를 상징하는 탑
높이 600ft(E)

(Joe Gandy)의 선전으로 널리 알려지게 되었다.

우주시대의 정보세계 영역에서는 벨 전화 등이 전시되었으며 IBM전시관이 있어 기계 컴퓨터 등 분야를 전시하였다.

미술의 세계 영역에서는 미술품을 5개 분야로 나누어 5개 화랑에 전시하였다.

국제예술전시관 및 각 주 전시관에서는 참가국과 50개의 미국 각 주의 상업과 산업의 실태와 기교를 보여주었는데 워싱턴 주 콜리세움과 건너편 국제매장에 위치하고 있었다.

시애틀 세계박람회는 하루에 다 관람할 수 있는 작은 규모였다. 2002년은 시애틀 세계박람회 개최 40주년이 되는 해였다. 시애틀 센터에 남아 있는 스페이스 니들(우주탑: Space Needle), 모노레일(Alweg Monorail)은 박람회의 상징적인 유물이다. 스페이스 니들은 9,000,000$를 들여 만든 것인데 높이가 600ft로[119] 엘리베이터를 타고 회전식 레스토랑에 가서 즐길 수 있도록 만든 것이다. 모노레일은 다운타운에서 박람회장으로(1마일 정도) 관람객을 실어 나르는 수송기관이었다. 한 번에 1만 명이나 승차시켜 시속 60mile로 중심가에서 박람회장까지 96초 걸렸다.[120] 오늘날 모노레일은 디즈니 월드 (Walt Disney World)나 세계박람회는 물론 대중교통에 크게 기여하고 있다.[121] 시애틀 세계박람회는 참가국이 32개국, 관람자는 9,609,969명으로 184일간 열린 것이다. 헬러(Alfred Heller)는 시애틀 세계박람회를 평가하기를 "황량한 사막과 같은 도시의 발전에 따라 조그마한 오아시스역을 하였던 시애틀 세계박람회는 도시가 당면한 난점을 달성하여야 하였던 징표를 보여

---

119) Paul Ashdown, "Seattle 1962 Seattle World's Fair", *Historical Dictionary of World's Fairs and Expositions, 1851~1988*(New York: Greenwood Press, 1990), pp.319~321.

120) 「宇宙時代 人間의 모습」『朝鮮日報』, 1962年 4月 22日.

121) Alfred Heller, *World's Fairs and the End of Progress*(Corte Madera: World's Fair, Ince, 1999), p.95.

준 박람회였다."라고 하였다.[122]

우리나라는 콜럼비아 세계박람회(Chicago World's Columbian Exposi－tion) 참가 이래 1900년 파리세계박람회(Exposition Universalle of Inter－nationale de Paris 1900), 하노이 박람회(1902 ~03 Hanoi Expo), 영일박람회(Anglo－Japanese Exposition of 1910) 참가를 마지막으로 중단

그림 34. 시애틀 세계박람회의 모노레일: 시속 60mile. 다운타운에서 박람회장까지 걸리는 시간 96초

된 상태에 있다가 해방 후 시애틀 세계박람회에 처음으로 참가하였다. 우리나라 진열실은 국제전시관에 위치하고 있었는데 그 넓이는 3,509ft2(326㎡)였다.[123] 우리나라는 생산품을 전시하였는데 특히 관람자들이 관심을 갖고 있었던 것은 유기와 철기였다. 우리나라가 출품을 할 수 있었던 것은 6·25의 상처를 씻고 제1차 경제개발 5개년계획(1962~1967)으로 인한 경제 성장이 박람회 참가를 가능토록 한 요인이 되었기 때문이다.

---

122) *Ibid.*, p.96. 원문은 다음과 같다.
"However, as a small oasis in a wide stretch of urban desert, the expo was a testament to the difficulty of achieving such a goal."

123) Expo 70 日本萬國博覽會 한국참가 종합보고서, 대한무역진흥공사, 1971, p.3.
핀딩(John E. Finding)은 관람자가 9,6400,000명이라고 하였다.

11. 이해를 통한 평화의 뉴욕 세계박람회

1939~40년 뉴욕 세계박람회(New York World's Fair 1939~1940)가 뉴욕 퀸즈 플러싱 메도우 공원(New York Queens Flushing Meadow Park)에서 '내일의 세계'(Building the World of Tomorrow)를 주제로 문을 열었다.

관람자는 51,607,037명이었다.[124] GM사(General Motors)가 미래 1960년 자동차 산업을 예견하였고 많은 전시관들이 과학과 산업 및 문화에 대한 꿈을 제시하여 주었다.

1964~65 뉴욕 세계박람회(1964~1965: New York World's Fair)는 1958년 코펠 변호사(Robert Koppel)가 세계의 모든 어린이들에게 무엇이라도 가르쳐야 되겠다는 마음으로 처음 구상하였다. 그 뒤 뉴욕 시의 공원이사 모세스(Robert Moses)가 워싱턴 D.C. 시장 와그너(Mayor Robert Wagner)와 같이 공화당 아이젠하워 대통령(President Dwight Eisenhower)을 만나 코펠을 박람회사 사장으로 앉히고 박람회 개최준비를 추진하였다(1960. 5). 모세스는 1939~40년 뉴욕 세계박람회와 같은 장소에서 열기로 구상하고 건축가 번샤프트(Gordon Bunshaft) 설계로 646acres에 500,000,000$를 투자하여 175개의 전시관을 건축하였다. '이해를 통한 평화'(Peace through Understanding)와 펼쳐진 우주세계 속의 움츠린 지구상에서의 인간의 성취를 목적으로 하는 '진보의 시대'(A Millennium of Progress)를 주제로 뉴욕 시 창설 300주년, 워싱턴 대통령 취임 175년을 기념하는 해에 맞추어 360일간 영국, 이태리,

---

124) Daniel T. Lawrence, A. I. A., "New York 1964~1965 New York World's Fair", *Historical Dictionary of World's Fairs and Expositions, 1851~1988*(New York: Greenwood, 1990), pp.322~328.

그림 35. 1964~65 뉴욕 세계박람회장. 한국관이 있는 제5구역 - 유니스페어 북쪽 중앙로
1번째 4거리 좌측 코너, 길 건너 베네수엘라관이 있음
출처: New York 1964 World's Fair - Maps - Map Part5

프랑스가 불참한 가운데 유럽과 아시아계국 및 중남미국 등 64개국이
646acres 위에서 2기에 걸쳐(1964. 4. 22~10. 18, 1965. 4. 21~10. 17) 열
렸는데 관람인원은 51,607,307명이었었다.[125]

---

125) 「뉴욕博覽會」, 『朝鮮日報』, 1964年 4月 1日. 아시아 12개국, 아프리카 24개국, 유럽 17개국, 미
주 11개국 도합 64개국이 출품하였다.

그림 36. 유니스페어(뉴욕 세계박람회의 상징물)
출처-New York 1964 World's
Fair-articles-Building the World's Fair

1기 개막식 때는 민주당 존슨 대통령(Lyndon B. Johnson)이 참석하였고 2기 때는 험프리 부통령(Hubert Humphrey)이 참석하였다.

박람회의 상징물은 크라크(Gilmore Clarke)가 2,000,000$로 제작한 높이 140ft 유니스페어(지구의: Unisphere)로 600mile 상공을 보았을 때 우주를 나르는 인공위성을 의미하는 3개의 링(ring)이 지구의 대륙을 둘러싸고 있는 모양을 형상화한 것이다. 주위에는 우주시대의 심벌인 조각품들을 놓아두었다. 이는 인간이 우주시대에 출현함을 의미하는 것이다. 그래서 미국인들은 24년 전의 세계박람회의 미래의 꿈을 꿈이 아닌 현실로 박람회에서 전시품을 관람할 수 있었다. 또한 달라진 것이 '디즈니적(Disney-like) 발전된 경제의 장면'을 볼 수 있었다는 것이다. 그런데 박람회를 1년 내 열어야 하며 박람회장을 5,000ft²이어야 한다는 국제박람회기구의 요구조건을 이행 못 하고 GM전시관(GM Pavillion) 등에서처럼 박람회가 너무 미국적이어서 인정을 받지 못하였다. 그러나 뉴욕세계박람회에서 가장 인상적인 것은 모세스가 도로건설의 전문가여서 교통 분야에 관심을 갖고 있어 GM, Ford자동차 회사(Ford Motor Company)가 대형 전시관을 지었다는 것이다. 신크레어 오일회사(Sinclair Oil) 전시관 전면에는 회전식 관람차(Ferris Wheel)를 설치하였는데 자동차 타이어 모양과 콜럼비아 세계박람회 회전식 관람차를 접목시켜 만들었다.[126] 그 외에도 존슨 왁스전시관(Johnson Wax Pvillion)의 '삶에 대하여'(to be Alive), 미국전시관의 '서막적인 사건인 과거'(Past as Prologue) 등이 인상적이다. 그런데 당시 미국의 상

---

126) Alfred Heller, *World's Fairs and the End of Progress*(Corte Madera: World's Fair, Inc., 1999), p.96.

황은 스푸트니크호의 발사와 소련보다 뒤진 수학과 과학 때문에 위축된 상태에 있었다. 그래서 뉴욕 세계박람회는 인간의 생활향상을 위한 과학과 기술을 보여주며 제2차 대전 후 기술과 경제발전의 극치를 나타내려 하였다. 따라서 환경문제에 소홀하였던 것이 사실이다. 그래서 이 부분에서 컴퓨터와 통신정보시대 등으로 분류하여 전

그림 37. 뉴욕 세계박람회 시 미국고무회사 창작품 회전식 관람차(H 96)

시하였다. 컴퓨터와 통신정보시대에서는 IBM전시관(IBM'S Pavillion)이 많은 역할을 행하였다. 컴퓨터의 컴퓨터 원리 유용성을 보여주었다. 높이 90ft의 타원형 건물이었다. 벨 텔리폰 시스템전시관(Bell Telephone System Pavillion)은 화상전화를, RCA전시관(RCA Pavillion)은 컬러텔레비전 스튜디오를 보여주었다. 우주시대에 관한 전시는 미국 스페이스 파크(Space Park)가 큰 역할을 하였다. 달로켓 모형을 소개하였다. 교육관(Hall of Education)에서는 멀티미디어 우주시대 전시, 미 중앙정부전시관(United States or Federal Pavillion)은 무기개발과 무인우주선 프로그램, 크리스러(Chrysler)는 로켓 프로그램, GM사와 Ford사는 우주개발에 대하여 보여주었다. 일상생활을 위한 새로운 자료와 생산을 위한 소비시대에 전시는 듀퐁전시관(Du Pont Pavillion) 등이 역할을 하였다. 화학적 기술이 행복한 가정생활을 이룩하고 있는 모습을 보여주었다. 원자시대 전시는 원자의 유용성을 보여주었다.

우리나라는 1,082,000$(146,760,000원) 예산으로 박람회에 참가하였다. 홍보비를 1,500$나 투자하였다. 우리나라 전시관은 유니스페어에서 아메리카대로(Avenue of America) 오른쪽 미국레스토랑 다음에 위치하고 있었다. 우리나라 전시관 오른쪽에 중국전시관, 대로 건너 멕시코와 아르헨티나 전시관이 위치하고 있었다. 우리나라 전시실은 23,236ft²(653평)의 대지 위에 9,643ft²(271평)의 전시관을 건립하였다. 김중업의 설계로 580,000$로 건물을

그림 38. 뉴욕 세계박람회의 우리나라 전시관
출처: New York 1964 World's Fair-Maps-Map Part 5-Korea

지었다. 목제의 전통적인 뾰족한 지붕으로 된 동양적 찻집과 현대식 콘크리트 전시관이 나란히 서 있어 한국의 과거와 현재의 만남을 보여주고 있었다. 또한 고대의 예술품, 민속품, 판매용 생산품, 필름 슬라이드, 한국현대의 생활상 등 800여 점을 보여주고 있었다. 불고기, 신선로, 갈비찜, 김치를 판매하였다. 직매장에서 12명이 판매하였다. 식사비는 최하가 2.50$, 스낵바는 50cent였다. 두 건물 사이에 6세기 다보탑의 모조품이 세워져 있어 이채로웠다.[127] 1965년 박정희 대통령이 방미하여 박람회를 관람하였다.

---

127) 「뉴욕 博覽會」, 『朝鮮日報』, 1964年 4月 21日.

12. 캐나다 최초의 몬트리올 세계박람회

몬트리올 세계박람회(Montreal Expo 67: Universal and International Exposition)는 캐나다 퀘벡 시 몬트리올에서 캐나다 독립 100주년이 되는 해에 68개국이 출품하여 캐나다 역사상 처음으로 열었다(1967. 4. 28~10. 29). 박람회의 각 전시관은 주제에 별도의 부제를 선정하여 박람회를 개최하였다. 박람회의 주제는 성 엑수페리(Antoine de Saint - Exupe'ry)작 '탐험하는 인간과 생산하는 인간'(Man the Explorer & Man the Producer)에서 영감을 얻어, 국방차관 세빈기(Pierre Sevingy)가 지은 '인간과 세계'(Terres des Hommes: Man and his World)였다. 19세기 전반기 프랑스 세계박람회의 전통을 그대로 이어 받아 건축분야에 기록을 세운 박람회였다. 이 박람회는 성 로렌스 강(St. Lawrence River)의 성 헬렌 섬(Il Sainte - Helene)과 노틀담 섬(Il Notre - Dame)에서 1,000acres의 박람회장을 마련하고 300,000,000\$를 투자하여 90개 이상의 전시관을 설치하여 50,000,000여 명이 관람하였던 것이다.[128] 몬트리올 세계박람회에 대한 구상은 캐나다 상원의원 드루인(Mark Druin)이 브뤼셀 세계박람회(Expo '58)에 참석하고 귀국하면서 캐나다 독립 100주년을 기하여 박람회를 캐나다에서 개최하여야 하겠다는 생각을 한 데서부터 비롯되었다(1958). 드루인의 발상에 대하여 토론토(Toronto)에서 토의가 있었으나 곧 그치고 뒤에 몬트리올 시장 푸르니어(Sarto Fournier)가 드루인의 발상에 찬동하고 캠페인을 벌인 결과 캐나다 정부가 국제박람회기구에 박람회 개최를 신청하였다. 그런데 소련이 1967년이 되면 건국 50주년이

---

128) 「몬트리올 世博開幕」『조선일보』, 1967年 5月 2日.

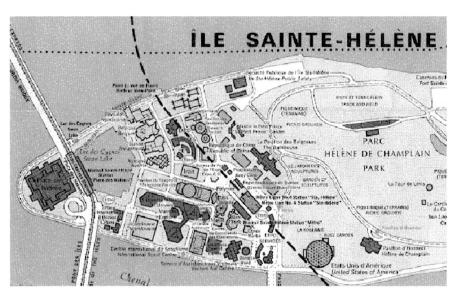

그림 39. 성 헬렌 섬 박람회장: 몬트리올 세계박람회가 끝나자 소련과 체코슬로바키아 전시관은 즉시 철거.
냉전의 단면이 보인다. 한국관은 미국 전시관(둥근 그림) 서쪽, 메인 전시관 동쪽에 위치
출처: Expo 67 - Montreal World's Fair - maps - Ile St. Helene.
Expo 67 - Wikipedia the free encyclopedia

되기 때문에 박람회 소련 개최를 국제박람회기구에 신청하였다. 이에 국제
박람회기구에서 투표결과 소련:캐나다=16:14로 소련 개최가 결정되었다.
그러나 소련은 박람회 개최 시 비용부담이 크다고 생각하여 포기함에 때마
침 몬트리올 시장에 취임한 드레포(Jean Drapeau)의 노력으로 국무총리 디펜
백커(John Diefenbacker)에게 캐나다 개최를 촉구함에 따라 캐나다정부가 세
계박람회 개최건을 획득하였다(1962. 11. 13). 박람회 장소는 드레포의 주장
대로 성 헬렌 섬과 노틀담 섬을 선정하였다.

얼마 뒤 캐나다정부는 프랑스주재 캐나다대사 두푸이(Pierre Dupuy)를 몬
트리올 세계박람회장으로 임명하였다. 박람회장 설비는 제2차 세계대전 때
몽트고메리(Benard Montgomery)의 비행장 조성에 참가한 바 있었던 처칠
(Edward Churchill)을 책임자로 앉혔다. 처칠은 컴퓨터로 건축계획을 세우고
마스터플랜을 정부에 제출하였다(1963. 12. 23). 처칠은 이 마스터플랜으로
정지작업을 완료하고 작케스 카티어교(Jacques - Cartier Bridge)와 콘코디아
교(Concordia Bridge)를 완성하였다. 그는 1966년 여름 건축을 완료하였다.

몬트리올 세계박람회는 경제적 전망이 있는 공공주택 건설설계를 목적으로 연 것이다. 건축에 있어 작은 자료, 넓은 공간 확보, 작은 비용으로 개인의 취향을 만족시키는 가벼운 알루미늄, 플라스틱 등을 선호하게 되었다. 그래서 미국전시관, 소련전시관 등을 위시하여

그림 40. 몬트리올 세계박람회 시 주택 67년형: 이태리 언덕에 세운 아파트나 타오스 인디언의 푸에블로 마을 같은 모습의 아파트형(H 98)

전시관을 짓게 된 것이다. 소련전시관에는 레닌의 거대한 흉상을 전시하고 있었다. 당시 건축물 중에서 '주택67년형'(Habitat 67)은[129] 몬트리올 세계박람회의 건축철학을 대변하여 주고 있다. '주택67년형'은 건축가 사프디 (Moshe Safdie)가 구상한 것이다. '주택67년형'은 많은 대중을 수용할 수 있는 값싼 집, 산업화 과정에 부응하여 공장지대에 지어야 한다는 아파트형이었다. 사프디는 작은 공간에서 많은 사람을 살게 하고, 각자의 집에서 즐거움을 누릴 수 있고, 상점 학교를 갖춘 3차원 도시로 1,000가구단위를 지으며, 실험주택 건설을 제시하려 하였다. 그러나 사프디는 158가구단위만 지었다. 상점과 학교도 짓지 않았다. 건축비가 너무 비싸며, 지어 놓고 보니 콘크리트 더미 같았다. 그래서 '주택67년형'은 혁신을 일으킬 수 있는 주택형이나 그 이외 다른 관심을 갖지 못한 주택개념으로 전락하고 말았다.

몬트리올 세계박람회는 텔리폰 전시관의 '캐나다67'(Canada 67), 미국전시관의 '놀기 위한 시간'(A Time to Play) 등 멀티스크린을 상연하였다.

---

129) Alfred Heller, *World's Fairs and the End of Progress*(Corte Madera: World's Fair, Inc., 1999), p.98.

그림 41. 1967 몬트리올 세계박람회 한국관 우리나라 전시관: 장방형의 목제 전시관이었음.
현재 한국관 자리는 bus 경유지임.
출처: Expo 67 - Montreal World's Fair - maps - Ile St. Helene - Korea.
Expo 67 - Wikipedia the free encyclopedia

    우리나라 전시관은 남부 성 헬렌 섬에 위치하고 있었다. 양쪽에 뉴욕전시관 성 헬렌 스튜디오가 자리 잡고 있었다. 우리나라 전시관은 넓이가 4,555ft²(128평)으로 규모가 작았으나 목제로 지었다.[130] 한국 전통 건축과 현대 디자인의 특질을 융합하여 지은 것이다. 하늘을 향하여 높이 솟아 있는 출입문의 탑은 한국인의 열망을 상징적으로 나타내 주고 있었다. 전시관 내부에는 한국의 어제와 오늘, 한국의 땅과 사람, 성장과 발전을 한눈에 볼 수 있었다. 1595년 이순신 장군이 만든 거북선의 모형, 5세기 마애석불의 모상, 많은 종류의 생산품을 전시하였다. 한국정부가 종사원들에게 미니스커트를 착용하지 못하도록 조처하였다. 이것은 당시 군사정부의 권위적 위상을 단적으로 나타내 주고 있었던 것이다.[131]

---

130) 『Expo 70 日本萬國博覽會 한국참가 종합보고서』, 대한무역진흥공사, 1971, p.3.

131) 「미니스커트 금지령, 세계박람회 직원들에」 『조선일보』, 1967년 4월 30일, 조간 2, 토픽.

13. 샌안토니오 세계박람회

　미국의 서남쪽에서 처음으로 세계박람회(San Antonio Hemis Fair '68)가 샌안토니오(San Antonio) 건설 250주년이 되는 1968년 '미 대륙에서의 문화교류'(The Confluence of Civilization in the Americas)를 주제로 내걸고 미국 개척사에 있어서 '명백한 운명'(Manifesty Destiny)으로[132] 유명한 텍사스 샌안토니오의 92.6acres 회장 위에서 열렸다(1968. 4. 6~10. 6). 샌안토니오를 박람회장으로 만들어야 되겠다고 처음 생각한 사람은 1958년 샌안토니오의 실업인들이었다. 이듬해 백화점 중역 해리스(Jerome K. Harris)가 샌안토니오 250주년 건설기념을 하고 샌안토니오와 라틴아메리카의 문화계승을 위하여 박람회 개최를 제의하였다. 그러자 샌안토니오의 시의원이었던 곤자레즈(Henry B. Gonzalez)와 지방실업가 신킨(William R. Sinkin), 자카리(H. B. Zachary), 게인스(James Gaines)가 즉각 해리스의 아이디어를 지지하면서 박람회 개최를 주선하였다. 샌안토니오 세계박람회는 샌안토니오 보험회사와 보험가입자 450명의 보험금, 샌안토니오 시 공채, 시 개발자금, 텍사스 주의회의 4,500,000$, 하원 승인의 정부지출금 125,000$(1965)와 6,750,000$(1966)를 재정으로 박람회를 개최하였다. 1962년 12월 미 대륙 박람회 개최

---

132) Julius W. Pratt, Vincent P. De Santis, and Joseph M. Siracusa, *A History of United States Foreign Policy*(N. J.: Prentice‐Hall, Inc., 1980), p.86. '명백한 운명'은 미국 서부개척사에서 찾아볼 수 있는 말이다. 이 말은 설리번(John L. O'Sullivan)이 텍사스 병합문제와 연계하여 디모크라틱 리뷰지(Democratic Review) 1845년 7월호와 8월호에 처음 사용하였다. 텍사스의 미국 병합을 정당화한 글이다. 얼마 뒤 설리번은 자신이 편집하고 있었던 1845년 12월 27일자 모닝 뉴스(Morning News)에 오래건 합병문제와 연계하여 '참된 타이틀'(the true title)이라는 말로 오래건 합병을 정당시하는 글을 썼다.

를 목적으로 샌안토니오 박람회 조직위를 구성하여 박람회안 수립, 설계를 공식적으로 구체화하기 시작하였다. 그래서 신킨을 회장, 자카리를 의장으로 선출했으나 2년 뒤 12월 회장을 스티비스(Marshall T. Steves)로 바꾸었다. 박람회 개최에 대한 열의가 높아짐에 시애틀 세계박람회(1962 Seattle World's Fair) 부회장 딩월(Ewen C. Dingwall)을 부회장으로 선출하였으나 이 사람은 곧 사직하고 게인스를 수석중역으로 코넬리(John Connaly)를 총무로 선임하였다. 박람회장은 샌안토니오 다운타운 동남방에 위치하였는데 그 넓이가 92.6acres였다. 시 중심가 개발은 물론 샌안토니오 강(San Antonio River)을 개발하고 관광산업 확대를 위한 회장 건설을 행하였다. 박람회의 상징물은 박람회 수석 건축계획자 포드(O'Neil Ford)가 설계한 높이 622ft의 '미 대륙의 탑'(Tower of the Americas)을 시 예산 5,500,000$로 세웠다.[133] 짓는 데 1,400명을 동원하였으며 탑 정상에는 관망대와 레스토랑이 있었다. 이 탑의 건설로 파세오 델 리오 리버워크(Paseo del Rio River Walk) 지역 개발에 도움을 주었다. 이 탑은 현재 박람회 후에 새로 개발한 헤미스페어 공원(Hemis Fair Park)에 남아 있다. 폭포 분수대 역사물 등을 새로 세우고 어린이의 놀이터도 더하여 쾌적한 공원을 이루고 있다. 샌안토니오 세계박람회의 대표적 건물은 콘벤션 센터(Convention Center)이다. 이 건물에 갈 수 있도록 모노레일을 깔았다. '미 대륙의 탑'이 가까이 서 있었다. 포드와 건축가 피어리(Allison Peery)는 20개의 기존 건물을 개축하여 회장을 꾸몄다. 미국 전시관은 4.59acres 넓이에 2개의 전시관을 지었다. 미국 전시관 주위에 외국 전시관을 지었다. 이 외에 지어진 건물로 미국 중앙정부법원 전시관이 유명하며 가장 큰 건물은 텍사스 주 전시관이었다. 샌안토니오 세계박람회는 약 30개국과 10개 회사가 출품하였다. 출품국은 우리나라를 위시하여 캐나다, 멕시코, 이태리, 스페인, 프랑스, 일본, 벨기에, 볼리비아, 자유중국, 콜럼비아, 서독, 파나마, 포르투갈, 스위스, 타이, 베네수엘라 등이었

---

133) Shirley M. Eoff, "San Antonio 1968 Hemisfair '68: A Confluence of Cultures of the America", *Historical Dictionary of World's Fairs and Expositions, 1851~1988*(New York: Greenwood, 1990), p.337.

다. 개회식 전에 중남미 아메리카 전시관들은 샌안토니오에 있는 켐프만, 오스틴에 있는 굿 네이버 위원회, 볼리비아 전시관을 지원하는 텍사스의 판 아메리카 포럼, 니카라과, 온두라스, 과테말라, 엘살바도르, 코스타리카 지원단, 브라질, 아르헨티나, 페루를 포함한 11개국으로 조직된 미 대륙 조직체 등이 지원활동을 하였다. 출품회사는 이스트만 코닥(Eastman Kodak), 포드 자동차회사(Ford Motor Company), 제너럴 일렉트릭(General Electric), GM사(General

그림 42. 샌안토니오 세계박람회의
미 대륙의 탑(Ho)

Motors), 걸프 오일사(Gulf Oil Corporation), 험블 오일사(Humble Oil: now Exxon Company, U.S.A.), IBM, RCA, 펩시콜라(Pepsi – Cola) 등이었다. 박람회 개최 2년 전 포드 자동차는 출품계약을 하지 않은 적이 있었다. 120개의 구조물을 만들어야 하기 때문에 그러하였다. 그러나 출품하였던 포드 자동차의 구조물은 현재 20개가 남아 있다. 박람회에 부수된 우주탐험, 인형극, 라틴아메리카의 생활상을 담은 예술품 전시, 마드리드 프라도 박물관의 전시, 멕시코와 러시아 발레단 공연 등 다양한 문화행사를 행하였다. 샌안토니오 세계박람회는 개장 초부터 재정문제 때문에 어려움이 많았다. 입장객의 입장료가 예상외로 적었다. 박람회 예상 입장객은 7,200,000명이었으나 실제 입장객은 약 6,400,000명으로 줄었다. 여기서 박람회는 재정적 손실을 감수하여야 했다. 입장객이 적었던 이유는 개회식 며칠 전 마르틴 루터 킹 목사(Martin Luther King)의 암살사건, 6월 대통령 후보 로버트 F. 케네디(Robert F. Kennedy)의 암살사건이 사람들에게 충격을 주었기 때문이었다. 샌안토니오 세계박람회는 아메리카 대륙의 전통을 보존한다는 취지가 미국의 국내 정세와 맞물려 사람들에게 어느 박람회보다도 관심 밖의 박람회의 하나가 되고 말았다. 그러나 6년 전의 시애틀 세계박람회처럼 연방정부, 주정부, 지방 개인이 자금을 갹출하여 박람회를 치러 샌안토니오 개발을 하였던 것은 박람회가 얻은 중요한 결실이 되었다.

14. 아시아에서 처음 열렸던
오사카 엑스포

1970년 오사카 엑스포(Expo '70 日本萬國博覽會: Osaka Japan World Exposition)는 아시아에서 처음 열린 세계박람회(1970. 3. 15~9. 13)이나 일본으로서는 1912년과 1940년에 시도하였던 박람회가 각각 메이지의 사망과 제1차 대전으로 좌절되었다가 3번째로 성공하여 열렸던 박람회이다. 뒤에 오키나와 츠쿠바에서 열었고 2005년 아이치에서도 열리어 일본은 세계박람회를 많이 연 나라 중의 한 나라가 되었다. 오사카에서 엑스포를 열기로 결정한 것은 1965년 5월이었다.[134] 제2차 대전 후의 일본의 부흥과 도쿄 올림픽(1965) 성공이 결정의 요인이 되었다. 박람회장(大阪府 吹田市 山田小川 29

그림 43. 오사카 엑스포 전경(대 70 앞 화면)

그림 44. 1970 오사카 엑스포 태양탑(EM)

---

134) 『Expo, 70 日本萬國博覽會 한국참가보고서』(대한무역진흥공사, 1971), p.6.

千里丘陵)은 면적이 815acres에 다른 엑스포에서 찾아볼 수 없는 특수성을 띤 건물을 지었다. 심볼 존(Symbol Zone)의 중심부 중앙정문에 위치한 테마관인 태양탑(Tower of Sun)에 이어 있는 축제광장 건물(festival plaza)이 그러한 것이었다. 이 건물은 넓이가 340,000ft²이고 높이가 98ft로 지붕이 평평하며 높고 건물을 둘러싼 구조였으니 2차 대전 후의 새로운 일본양식이다.[135] 오사카 엑스포는 생산 및 기술의 진보와 미래 오사카의 국제화를 상징하는 '인류의 진보와 조화'(Progress and Harmony for Mankind)를 주제로 내걸고[136] 77개국 3개 국제기구(EEC, OECD, UN), 7개 주정부관, 31개 일본 국내기업체가 참가하고 64,218,770명이 관람한 행사였다.[137] 개막식은 14일 축제광장에서 7,300명이 모인 가운데 거행하였다.[138]

오전 11시 히로히토(裕仁) 천황의 입장으로 시작되었다. 이어서 4명의 호스티스가 든 각국과 국제기구가 각종 깃발을 앞세우고 고유의상을 입은 박

그림 45. 1970 오사카 세계박람회 Festival Plaza(EM)

---

135) 위의 보고서, p.8; Alfred Heller, *World's Fairs and the End of Progress*(Corte Madera: World's Fair, Inc., 1999), p.100.
136) 앞의 보고서, pp.7~8. 부제는 4제까지 있었다.
　　第1副題: 보다 豊盛한 生命에의 充實(Toward Fuller Enjoyment of Life)
　　第2副題: 보다 豊足한 自然의 利用을(Toward More Bountiful Fruit from Nature)
　　第3副題: 보다 나은 生活의 設計를(Toward Fuller Engineering of Our Living Environment)
　　第4副題: 보다 깊은 相互理解를(Toward Better Understanding of each Other)
137) 위의 보고서, pp.6~7, p.15.
138) 위의 보고서, p.15.

그림 46. 1970 오사카 세계박람회 Time Capsule(W)

람회 관련자들이 입장하였다. 우리나라는 캐나다에 이어 두 번째로 입장하였는데 호스티스들이 중앙무대를 지나가면서 "코리아! 안녕하십니까?"라고 외치니 관중들은 박수로 응수하였다. 마지막 입장한 나라가 일본이었다. 이어서 엑스포 심벌마크가 입장하고 유엔전시관의 평화의 종이 울려 퍼지면서 5발의 축포가 터졌다. 다음에 6명의 엑스포 시스터가 심판기를 엑스포 부회장 이시사까(石坂)에게 건네주었다. 이때 '엑스포기를 박수로'라는 장중한 연주가 울렸다. 일본 수상(佐騰), 의장(船田), 캐나다 대표가 인사말을 하고 아키히토 황태자(明仁)가 축제광장에 마련된 스위치를 누르니 5색 테이프와 함께 수많은 학이 날며 160명의 어린이 팡파르 악대가 트럼펫을 불고 어린이로 구성된 무용단이 '세계의 광장에서'라는 노래를 부르며 무용을 하였다. 오후 1시 10여 국의 전시관이나 사원의 종을 울리면서 개회식은 끝났다. 오사카 엑스포는 미국 전시관에서 달로켓을 전시하였으며 후지 그룹(Fuji Group), 미쓰이 그룹(Mitsui Group), 히타치 그룹(Hitachi Group)이 오디오를 많이 동원하였다.[139] 오사카 엑스포는 엑스포를 기념하기 위하여 두 개의 캡슐을 오사카성에 묻었다. 한 개는 14m(No. 1)의 땅 밑에, 다른 하나는 9m(No. 2)의 땅 밑에 묻었다. 이 두 개의 캡슐은 디자인이나 내용이 똑같았다. 스텐리스 강철로 2,090아이템을 29개의 통에 저장하였는데 전체 무게가 2.12t이었다. 오사카 엑스포 30주년 기념이 되는 해에 캡슐 No. 2는 2000년 3월 15일 캡슐 내의 내용 상태를 검사하기 위하여 파내어 열어 보았다. 캡

---

139) Heller, *op. cit.*, p.101.

그림 47. 오사카 엑스포 시 한국전시관
(대 **70** 앞 화면)

슐 No. 1은 엑스포 5000년 기념이 되는 6970년까지 파보지 않고 땅에 묻어 두도록 되어 있다. 2,090 아이템 내용은 사회, 기술, 예술, 문학 등이며 기타 플루토늄, 시계, 전기기구, 옷, 예술과 음악 창작물, 문헌 등이다.

우리나라는 1966년 9월 16일 일본정부로부터 엑스포 참가요청을 정식으로 받고 상공부가 외무부를 통하여 일본 외무성에 참가신청을 하였다. 상공부가 문화공보부에 참가업무를 이관하였다가(1968. 8. 27) 그 후 각의에서 참가규모를 확대하고 대한무역진흥공사가 상공부의 지휘를 받아(문화공보부로부터 이관 1968. 10. 22) 참가업무를 주관케 하고 일본만국박람회 추진위원회를 구성하였다(1968. 12. 8. 상공부 고시 제4020호).[140] 한국의 참가 주제는 '보다 깊은 이해(理解)와 우정(友情)'으로[141] 정부대표는 한준석(韓準石), 부대표는 주오사카 총영사 김진홍(金鎭弘), 한국 전시관 관장은 오사카 무역관장 민헌식(閔憲植)이었다. 우리나라 전시관 넓이는 4,150㎡(약 1,257평)로 동서가 83m, 남북이 49m였다. 설계자는 한국종합기술개발회사 사장 김수근(金壽根), 전시장치자는 홍익대 교수 한도룡(韓道龍)이었다. 엄민영(嚴敏永) 전주일 대사를 비롯하여 500명이 모인 가운데 기공식을 거행하였다(1969. 4. 2). 우리나라 전시관은 현대식 건물로 한국풍이 풍기는 건물로 참가국 77개국 중에 10위의 공사규모였고 1,180,000$를 투자하였다.[142] 우리나라 전시관은 큰 원통형 철주 15본으로 둘러싸여 있었다. 본관건물(4층), 미래관(별관), 종각(2층)으로 구성되어 있었다. 본관 1층은 무용장, 2층은 귀빈실 사무실, 3층은 현재전시실, 4층은 과거전시실로 구성되어 있었다. 현재 전시

---

140) 앞의 보고서, pp.20~21.

141) 위의 보고서, p.23.

142) 위의 보고서, p.24.

실은 6·25를 극복하고 평화를 추구하는 현대의 미나 해방 후의 현대사 사진 등을 전시하였다. 과거 전시실은 고려자기, 화자기(花磁器), 분청사기, 조선자기 등 도자기 17점, 생활 도구사진 14매, 갓, 바가지, 키, 짚신 등 옛 생활 도구 60점 등등을 전시하였다. 미래관은 2층으로 거북선 모양의 철골조로 전시하였는데 인간 사회 주거 도시 국토의 사진 등을 전시하였다. 종각은 평화의 종, 즉 성덕대왕 신종(에밀레종)을 전시하

그림 48. 오사카 엑스포 시 우리나라 전시관 개관식 (대 70 앞 화면)

였다.[143] 우리나라 전시관은 회장의 동북쪽 태양의 탑 축제관 서쪽 7개의 광장 중 화요광장에 위치하고 있었는데 부근에는 프랑스 전시관, 자유중국 전시관, 일본 전시관이 있었다. 우리나라 전시관은 1969년 12월 31일 준공, 1970년 3월 13일 이후락(李厚洛) 주일대사 부처, 한준석(韓準石) 정부대표, 김재권(金在權) 주일공사 등 약 1,300명이 모여 오후 3시~5시에 한국전시관 입구광장에서 개관식을 가졌다. 식장에는 오사카 시장, 거류민 단장 및 500여 명의 교포도 모였다. 참석인원 총수가 약 1,300명이었다. 교포 여학생이 밴드 연주를 하는 가운데 주일대사 이후락이 테이프를 끊음으로써 개관식이 시작되었다.[144]

이 대사는 "60만 동포가 살고 있고 우리와는 가장 가까운 일본서 열리는 만박(萬博)에 참가하는 데 큰 의미가 있다."라고 말하면서 "한국관이 인류문화 발전에 응분의 공헌을 할 것을 기약한다."라고 연설하였다.[145] 식이 30분

---

143) 위의 보고서, pp.41~57.

144) 위의 보고서, pp.61~62.

145) 위의 보고서, p.62.

정도 계속되었는데 그들은 전시관을 둘러보고 농악대의 민속무용을 관람한 후 리셉션에 참석하였다. 우리나라 정부는 전시관 안내양으로 영어와 일어에 통달한 대학 출신 13명을 뽑아 2개월 교육을 시킨 뒤 현지 일본에 파견하여 일을 돕도록 세심한 배려를 하였다. 당시 우리 정부는 박람회를 계기로 우리나라 관광산업의 시험대라고 생각하고 엑스포 70관광객 유치위원회를 구성하고 5만 명의 관광객 유치계획을 추진하였다. 그래서 우리나라 전시실에 안내 센터를 설립하여 관광공사 도쿄지사장, 본국 파견 남자 안내원 2명, 여자 안내원 2명, 나까시마 우끼고 등 일본 여자 3명, 모두 8명이 우리나라에 대한 홍보를 하였다. 일본인 여자 안내원은 우리나라에 와서 우리나라의 실정을 공부하고 돌아가서 일을 할 정도의 열성파 인물이었다. 안내센터는 일본, 홍콩, 사이공, 방콕, 자유중국의 KAL대리점과 같이 '웰컴 투 코리아'라고 하는 쿠폰을 팔면서 여비를 할인하여 주었다. 5월 18일은 한국의 날로 축제의 광장으로 10시에 정일권 국무총리 한국민속무용단 111명을 초청하고 유감없이 만찬회를 열었다.

그림 49. 우리나라 전시물 (대 70 앞 화면)

그림 50. 우리나라 전시물 (대 70 앞 화면)

그림 51. 우리나라 전시물 (대 70 앞 화면)

15. 스포케인 세계 최초 환경박람회와 우리나라 참가

　1972년 스톡홀름에서 처음으로 UN이 환경문제를 논의하여 나라나 단체들이 이 문제에 대하여 관심을 갖기 시작하였다. 2년 뒤 스포케인에서 세계 최초의 환경박람회를 열었다. 스포케인 세계박람회(Expo '74 World's Fair)는 6개월간(1974. 5. 4~11. 3) 5,187,826명이 관람하였다.[146]

　스포케인은 스포케인 강(Spokane River) 전면에 발달하고 있는 곳인데 처음으로 1974년 박람회가 열린 곳은 아니다. 1890년 스포케인 폴스(Falls)에서 미국 서북지방 산업박람회가 열렸던 곳이다. 스포케인에는 원래 아메리칸 인디언들이 모여 살았다. 그러나 인디언들이 아래쪽 폴스 지역으로 밀려나 약간이 생존하고 있었던 곳이다. 1950년대의 스포케인을 보면 기차의 트랙이 무질서하게 뻗어 있고 빌딩들은 황폐화되어 버려져 있었으며 인구의 대부분은 창녀, 약물 상습 복용자, 실향민으로 구성되어 있었던 곳이다. 뿐만 아니라 스포케인 강에는 하수가 흘러 들어가 불안의 상징처가 되고 있었다. 이같이 황량한 스포케인을 개발하기 위하여 뜻이 있는 사람들이 모여 위원회를 만들었으며 스포케인 시의 업계의 지도자들이 모여 위원회를 조직하고(1960. 3. 8) 스포케인의 개발문제를 논의하기 시작하였다. 스포케인 시 업자들은 스포케인의 중심을 통과하고 있는 기차 트랙을 옮기지 않고서는

---

146) 『Expo '74 스포케인 박람회 종합보고서』(대한무역진흥공사, 1975), p.21. 핀딩(John E. Finding)은 관람자수가 5,600,000명이라고 하였다.

도시를 개조할 수 없다는 결론을 내렸다. 이 사업이 성공을 거둔다면 4개 부두의 하나인 헤버메일 섬(Havermale Island)을 문화 중심지로 개발할 수 있다는 결론을 내렸다. 그들은 소위 Ebasco개발안(Ebasco Plan)을 만들어 큰 연합체를 만들고 스포케인 무한회사(Spokane Unlimited) 집행관 콜(King Cole)을 영입하여 그에 의하여 개발을 추진하였다. 그는 스포케인 시의 개발을 위하여서는 업자들이 단결하여야 한다고 하면서 "우리들은 우리들 자신을 위하여 일을 한다. 누구든 앞장을 서서 시 개선(市改善)을 위하여 나아가자."(We're marching all by ourselves. There's nobody behind us.)라고 하였다. 그는 '좋은 사회 만들기 협회'(Association for a Better Community: ABC)를 조직하였는데 스포케인의 거의 모든 업계의 협회가 참여하게 되었다. 콜은 시애틀 세계박람회(1962 Seattle World's Fair), 샌안토니오 세계박람회(San Antonio Hemis Fair '68) 때의 방식으로 중앙정부로부터 모금을 하였다. 그리하여 유니온 퍼시픽 철도(Union Pacific Railroad), 버링턴 노던 철도(Burlington Nothern Railroad), 밀워키 철도(Milwaukee Railroad) 등이 있는 스포케인 전면의 땅에 16명의 지주가 있었으나 17acres가 시 소유(市所有)였기 때문에 스포케인 무한회사가 1965년 헤버메일 섬을 매입하는 데 성공하였다. 1967년에는 스포케인 시 대표, 스포케인 무한회사 대표들의 논의로 기부금을 갹출하여 땅을 더 구입하게 되었다. 이 결과로 1969년 회합을 갖고 1973년 스포케인을 위한 특별 계획을 수립하여 박람회를 개최할 수 있게 되었다. 그들은 박람회 목표를 환경문제에 두고 개최년(開催年)을 1973년에서 1974년으로 바꾸었다. 1971년 3월 미국의회 통과를 거쳐 10월 연방정부가 승인하고 국제박람회기구가 스포케인 시의 규모와 거리문제를 두고 보류하고 있다가 박람회 개최를 인정하였다. 1972년 6월 헤버메일 건축이 시작되었다. 박람회 제목은 '미래의 깨끗한 환경을 기념하며'(Celebrating Tomorrow's Fresh Environment)였으며 회장의 넓이는 100acres였다.[147] 출품국은 58국 참가를 목표로 잡아 23개국은 꼭 출품하도록 유도하였으나 결국

147) 위의 보고서, p.21.

은 미국 이외 오스트레일리아, 캐나다, 자유
중국(대만), 독일, 이란, 일본, 한국, 멕시코, 필
리핀, 소련 등 10개국이 출품하였다. 콜 회장이
3년간 홍보를 위하여 700,000mile을 뛰었으나
프랑스가 참여치 않았다. 회장의 심벌은 인간
과 환경은 떨어질 수 없는 관계이기 때문에 독
일의 수학자이며 천문학자 아우구스트 페르디
난드 뫼비우스(August Ferdinand Moebius)의 이
름을 딴 뫼비우스 스트립(Moebius Strip)이었

그림 52. 스포케인 세계박람회
로고(74) 녹색(좌)＝지구,
흰색(상)＝공기, 하늘색(하)＝물

다. 심벌의 색깔에 녹색은 지구(왼쪽), 하늘색은 물(우측 하단), 흰색은 공기
(우측 상단)를 의미하며 로고(logo)는 스포케인의 예술가 로이드 칼슨(Lloyd
Carlson)이 제작한 것이었다. 개회식은 1974년 5월 4일 오전 10시 오페라 하
우스 부근에 있는 승강장에서 행하였다. 식장에 제일 먼저 도착한 사람은
재즈 가수 알 카터(Al Carter)였다. 그는 시애틀 세계박람회, 몬트리올 세계
박람회, 오사카 세계박람회 때도 제일 먼저 식장에 나타난 사람이다. 출품국
대표가 통나무배를 탄 퀴날트 인디언(Quinalt Indians)의 호위 속에 치장한
배를 타고 도착하였다. 부주(浮舟)들이 승강장에 가까이 오자 무지개 송어류
1,974마리를 재생의 의미로 스포케인 강에 방류하였다. 코미디언 데니 케이
(Danny Kaye)가 "우주는 인간과 자연을 하나로 만든 위대한 설계작이라는
것을 우리들은 믿는다."(We believe that the universe is a grand design in
which man and nature are one.)라는 엑스포 신조를 읽은 다음 1,000마리의
비둘기를 하늘에 날려 보내니 비둘기는 식장을 한 바퀴 돌고 사라졌다. 이
어서 덴 에반스 지사(Dan Evans), 하원의원 톰 폴리(Tom Foley), 대통령 리
처드 닉슨(Richard Nixon)이 연설을 하였다. 이 당시는 워터게이트 사건
(Watergate scandal)이 끝나기 전이었으므로 대중 중에는 "죄인의 두목을 감
옥에 넣어라."(Jail to the Chief!)고 소리 지르는 사람도 있었다. 그러나 닉슨
은 대담하게 개회식을 선언하는 연설을 하여 50,000개의 헬륨 풍선 띄우기,
점등식, 타종식, 유인 우주비행, 열풍선 띄우기, 참가국의 국기를 단 로켓 발

사, 스포케인 강에서 만나자는 엑스포 주제가 울려 퍼지게 되었다. 식장에 입장하지 못한 사람들은 스포케인 라디오 방송을 통하여 개회식 과정을 청취하였다. 첫날 85,000명이 입장하여 성황을 이루었다. 소련과 미국의 전시관을 보면 당시 냉전시대상을 압축하여 놓은 듯하다. 소련 전시관은 미국 다음에 큰 전시관을 갖고 있었는데 3년에 걸쳐 지은 것으로 평면이 60×30ft였는데 레닌(Lenin)의 흉상을 전시한 것이 그러한 것이다. 미국 전시관은 상원의원 헨리 잭슨(Jacson)과 워렌 매그누손(Magnuson)의 알선으로 포드 자동차회사가 출품한 것이 눈에 띄었다. 관람객들에게 IMAX필름으로 환경 관련 영화를 상연하여 주었다. 중국 전시관은 지금 왈라 왈라 커뮤니티(Walla Walla Community College: 전문대학에 해당)의 극장으로 사용 중인데 박람회 당시 출품들이 많이 남아 있다. 스포케인 세계박람회는 처음으로 환경 관련 제목을 내건 최초의 박람회이다. 스포케인 세계박람회는 스포케인에 경제적 활력을 불어넣어 주었다. 15,000,000$가 스포케인으로 흘러 들어가 스포케인 시와 박람회장이 시민생활의 중요한 터전이 되었다. 박람회 개최에 이르기까지 있어온 환경과 생태학적 많은 논의가 오히려 스포케인의 현재 환경을 개선시켜 주는 기폭제가 되었다. 또한 스포케인 박람회가 가져올 이점을 의심하는 사람이 많았던 것이 사실이었는데 이는 오히려 경제부흥의 필요성을 일깨워 주는 촉진제가 되어 교량 등 건설사업을 활발케 하였다. 스포케인 세계박람회는 워싱턴 주의 잠재력을 집결시켜 주는 견인차 역할을 하였고 이것이 워싱턴 주의 미래를 밝게 만들어 주는 동인이 되었다.

우리나라는 1973년 외무부 통상2과 주관으로 박람회 참가에 따른 정부유관기관협의회를 개최하였다(5월 3일 오후 3시). 얼마 후 한미상공장관회의 시에는 미국의 상무장관 덴트(Dent)가 한국정부의 참가를 강력히 요구하기에 이르렀다(1973. 7. 19~21).[148] 이어 1973년 국무총리의 재가를 받아 미 상무성에 참가신청을 하였다(12월 11일). 그래서 상공부의 지휘를 받아 대한무역진흥공사가 참가업무를 주관하게 되었다. 우리나라의 전시관은 박람회장

---

148) 위의 보고서, p.42.

그림 53. 한국관의 모습　No. 40. 1974 스포케인 세계박람회 한국관 II
출처: List of World Espositions – A Virtual Visit to Expo '74 – Welcome
to World's Fair '74 – Pavilions – Korea

동북쪽 Purple Gate에 전시관을 임차확보 하였다(1973. 12. 11). 개회일을 앞
두고 겨우 완성하였다. 관옥 넓이가 7,500ft², 대외(對外) 1,500ft², 총합
9,000ft²이었다. 엑스포 74당국
이 정한 한 Unit 1,500ft² 정6각
형 땅을 5개 확보하고 내부 높
이 6m로 지은 정6각형 긴 단층
건물이었다.[149] 우리나라 전시관
은 건국대 김수근 교수의 설계
로 코발트 청색 양탄자를 깐
130평의 전시장과 50평의 식당
40평의 스테이지 등으로 구성되
어 있었다.

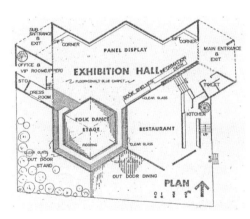

그림 54. 우리나라 전시관 내부 구조도(대 75 83)

　우리나라 전시관은 외부 벽에 심벌로 오부제를 설치하였고 동서현관에 6

---

149) 위의 보고서, pp.44~45.

개의 징을 달아 관람인이 징을 울려 도착을 알릴 수 있도록 시설하여 놓았
다. 관옥 외부 양쪽 게이트에 2,500개의 풍경을 달아 소리가 들리도록 시설
하였는데 그 소리는 한국의 음악, 사람의 말소리, 새소리, 물소리, 바람소리
등이었다. 우리나라 전시관 개막식은 1974년 5월 4일 10시~10시 30분까지
함병춘 주미대사 부처, 설원철 관장(샌프란시스코 무역관장) 부처, 댄트 미
상무장관 부처, 킹콜 박람회 협회장이 참석한 가운데 거행하였다.150) 개막식
에서 한국무용단이 살풀이, 화관무, 부채춤, 농악 등을 13회에 걸쳐 공연하였
다. 우리나라 전시관은 전시의 주제를 '고요한 아침의 나라의 반향(返響)'으
로 내걸고 전시하였다. 장의 벽과 천정에까지 한국인의 생활상을 전시하여
놓았다. 김유신묘, 해중 문무왕릉, 해인사 경판고, 포석정, 비원 등을 슬라이
드로 관람할 수 있도록 하였으며 천정에는 한국의 발전상을 사진으로 담아
전시하였다. 식당에는 불고기, 인삼차, 생굴요리 등을 먹을 수 있었는데 식당
이 바비큐식당이었다. 한국 전시관 밖을 나서면 한국음악이 담긴 카세트를

그림 55. 1974 스포케인 세계박람회 한국관 행사
출처: List of World Espositions – A Virtual Visit to Expo '74 – Welcome to
World's Fair '74 – Pavilions – Kore

---

150) 위의 보고서, p.91.

얻을 수가 있었다. 한국의 날은 8월 15일 광복절을 택하여 International Amphitheater에서 안광호 KOTRA사장, 설원철 관장, 몰톤(Morton) 내무부 장관, 킹콜 박람회 협회장 참석하에 행사를 거행하였다(11시). 행사 중에는 11시 30분 리틀 엔젤스의 우정공연이 있었다. 저녁에 리셉션을 베풀려고 하였으나 육영수 여사의 서거로 미루어 10월 26일 오후 6시에 우리나라 전시관 식당에서 행하였다.[151]

---

151) 위의 보고서, pp.144~163.

16. 일본 본토 회복 기념
오키나와 해양박람회

1975년 오키나와 세계박람회(1975~76: Okinawa International Ocean Exposition)는 본도 북부에 위치한 Naha 시 북쪽 80m 지점에 위치한 벽지인 모토부 반도(本部半島)에서 '우리가 보고 싶은 바다'(The See We Would Like to Sea)를 테마로 내걸고 1972년 오키나와 본토 복귀를 기념하기 위하여 247.1acres의 회장에서 1975년 7월 19일 아키 히도(明仁) 일본 왕세자부처, 미키 다케오 수상(三木武夫) 및 참가국 대표 등 2,000명이 참가한 가운데 왕세자가 테이프를 끊음으로써 개막식을 열었다. 다음 해 1월 18일까지 183일간 열린 박람회였다. 36개국과 3개 국제기구가 참석한 세계박람회였

그림 56. 오키나와 지도(E 75)

다.[152) 1971년 11월 국제박람
회기구의 승인을 얻은 뒤 일본
정부는 1972년 9월 1일과 10월
6일 각료회의에서 1,200억 엔
이 넘는 박람회 관련 사업을 승
인하고 최종적으로 예산을 증
액하여 1,808억 엔이나 되는 박
람회 공사를 하였다. 바다와 자
연과의 조화, 오키나와인들의
경제적 발전, 오키나와인들의

그림 57. 오키나와 세계박람회 시 수족관(H 102)

복지향상을 도모하고 박람회가 끝난 뒤에는 리조트 지역, 교육문화의 진흥
을 추진하려는 박람회였다. 특기할 만한 것은 박람회 관람인이 3,480,000명
이었는데[153) 이 중에는 왕세자가 제2차 대전 후 처음으로 박람회를 방문한
것은 오키나와 세계박람회가 제2차 대전의 유산이 마지막임을 고하는 박람

그림 58. 수족관 외관: 해양도시의 출현을 예견하여 주는
바다에 뜬 플래이트폼(H 102)

회임을 입증하여 주는 것이다.
오키나와 세계박람회의 전시관
중에 관심을 끄는 것은 오키나
와 전시관이었다. 전시관 가격
이 650,000,000엔이었다. 붉은
타일로 지붕을 덮고 있었다. 요
시히코 나카야마가 오키나와의
역사적 문화의 주체성을 살리고
세계인의 환영을 받을 수 있도
록 설계한 것인데 오일 승강장

---

152) 「오끼나와 海洋博覽會 개막」『조선일보』, 1975년 7월 20일; Alfred Heller, *World's Fairs and the End of Progress*(Corte Madera: World's Fair, Inc., 1999), p.103. 핀딩(John E. Finding)은 개막일을 17일이라고 하였다. 조선일보에 의하면 개막식을 뺀 다음날부터 183일간 박람회를 연 셈이다.

153) Mitsugu Sakihara, "Okinawa 1975 – 1976 International Ocean Expositions", *Historical Dictionary of World's Fairs and Expositions, 1851~1988* edited by John E. Finding and Kimberly D. Pelle(New York: Greenwood, 1990), p.350, p.380.

과 비슷하였다. 수족관이 있었는데 가로세로 각각 100m, 높이 32m, 무게 16,500t, 수용인원 2,400명이었다.[154] 홀의 밑쪽은 마리노라마라고 불렸는데 이것이 미래의 비전과 연관이 된 것은 찾아볼 수 없었으나 승강장은 그렇지 않았다. 승강장을 보고 오키나와 헬리콥터 기지를 오키나와에서 건설할 수 있는 가능성을 인식하고 미일 간의 1996년 협정이 성립하였던 것이다.[155]

이 외에도 12만 년 전 구석기시대 얼음덩어리를 보스턴의 빙토연구협회(氷土硏究協會)가 미국 그린란드 센추리 지하 1,350m지점에서 채취하여 전시하였는데 눈길을 끌었다.[156]

오키나와 세계박람회는 1992년 세비아 세계박람회(1992: Seville Columbus Quincentennial Exposition) 제노아 세계박람회(GENOA 1992: Specialized International Exhibition) 1998년 리스본 세계박람회(Lisbon World Exposition 1998: EXPO '98 Lisbon)와 같이 유명한 해양박람회의 하나이다.[157] 그러나 아쉬운 것은 오키나와 세계박람회 후 만들어진 오키나와 박람회 기념공원(Okinawa Exposition Memorial National Park)이 관람인이 적어 적자에 허덕이다가 1996년 수리 명목으로 문을 닫았던 것이다. 그래서 오키나와 세계박람회 관련 2,000여 점의 아이템을 나하에 있는 오키나와 현 박물관으로 옮겼던 것이다. 지금은 새로운 모습으로 탈바꿈하여 2000년부터 문을 열고 있다.

우리나라는 '바다를 통한 우호'를 테마로 내걸고 소련 다음에 큰 500㎡의 회장에서 제주도를 부각시켰다.

---

154) Mitssugu Sakihara, *ibid.*, p.350.

155) Heller, *op. cit.*, p.103.

156) 「12萬年전 얼음展示, 오끼나와 海洋박물관」 『조선일보』 1975년 7월 16일.

157) Heller, *Ibid.*, p.104.

17. 녹스빌 세계박람회와 한국의 날

녹스빌 세계박람회(The 1982 World's Fair: Knoxville International Energy Exposition)는 녹스빌 다운타운과 테네시대학 사이의 L & N역에서 시작하는 기존의 강이 흐르는 협곡지대에 70acres 회장을 조성하여 로버츠(S. H. Roberts, Jr.,) 세계박람회 회장의 주재로 '세계를 움직이는 에너지'(Energy Turns the World)라는 제목하에 22개국 미국 4개 주 30개 회사가 출품하여 스포케인 세계박람회(Expo '74 World's Fair) 이후 처음으로 1982년(5. 1~ 10. 31)에 열렸다.[158] 녹스빌 세계박람회는 칠호위 공원(Chilhowee Park)에서 자원보호의 이름하에 열린 박람회(1913. 9. 1)를 연 적이 있었는데 그 박람 회의 흐름하에서 열린 것이다. 파리 세계박람회(Exposition Universelle et Internationale de Paris 1900) 때 전기전시관에서 에너지 문제를 다룬 적은 있으나 관심 밖이었기 때문에 실로 에너지 문제를 다룬 최초의 박람회는 녹

그림 59. 마스터플랜(E 82)

---

158) 『세계박람회 종합보고서』(대한무역진흥공사, 1982), pp.10~11.

그림 60. 녹스빌 세계박람회의 선스페어
(대 82 표지)

스빌 세계박람회이다.[159] 녹스빌 세계박람회는 1971년 작은 물고기를 잡아 가두어 놓고 테네시 강(Tennessee River) 위에 텔리코댐(Tellico Dam) 공사를 하였으나 여러 가지 규정 때문에 댐 공사가 지연되는 모습을 환경론자들이 목격한 데서부터 환경에 대한 논의가 비롯되었다. 이때 5명의 보잉사(Boeing Company) 사원이 댐에 와서 댐 호수 변에 Timberlake (목제호수)라는 이름의 신도시를 건설하려 하였으나 댐 건설의 지연과 자금 부족으로 신도시 건설에 제동이 걸리자 대신 녹스빌을 후보지로 정하고 녹스빌 시장 테스터맨(Kyle C. Testerman)의 도움을 얻어 연구한 데서 녹스빌 세계박람회안이 처음 나오게 되었다.[160] 이 연구안에 따라 녹스빌 시 협의회 의장 에반스(W. Stewart Evans)가 테스터맨 시장에게 녹스빌을 박람회장으로 추천하기에 이르렀고 카터 대통령(Jimmy Carter)이 녹스빌에서 국제 에너지 박람회를 개최한다는 선언서를 발표하고 공법 91-269(Public Law 91-269)에 따라 국무성과 상무성에 법리문제를 통지한 다음 국제박람회기구에 등록하였다(1977. 4. 27). 그래서 미국정부는 대통령선언 4628호로 녹스빌 세계박람회 개최 사실을 발표하였다(1978. 12. 7).[161]

미국은 1973년과 1979년 가솔린이 미국사회에 문제로 노출된 적이 있었다. 녹스빌에서 얼마 안 되는 오크리지(Oak Ridge)에는 정부의 핵에너지 발전실험 및 생산 공장의 중심지였으며 테네시 계곡에는 미국 최대의 에너지 생산회사가 밀집하여 있고 동테네시 언덕에는 석탄이 매장되어 있어 세계박람지로서 녹스빌이 적격지였다. 녹스빌 미국은행지점으로부터 재정적 후원, 국제에너지박람회

---

159) Alfred Heller, *World's Fairs and the End of Progress*(Corte Madera: World's Fair, Inc., 1999), p.107.
160) *Ibid*., p.104.
161) 앞의 보고서, p.19.

회사(KIEE)와 녹스빌 공동발전회사 (KCDC)의 후원, 스포케인 세계박람회 회장 콜(King Cole)의 자문이 주효하여 박람회가 개최될 수 있었다. 이를 위하여 박람회장 건설은 일찍 1976년 8월 건축가 홀세플(McCary Bullock Holsaple), 건축기사 케논 (Barge Waggoner Summer Cannon) 과 멕카티(Bruce McCarty) 등으로 설계팀을 발족시켜 17개의 국제관, 30

그림 61. 녹스빌 세계박람회의 개막식 (대 **82** 앞 화면)

여 개의 미국국내관을 지었으며 전시장의 동쪽과 서쪽에는 상점, 사무실, 호텔을 짓고 L & N역을 복원하였다.[162] 건축물 중에서 인상적인 것은 박람회의 상징물인 선스페어(Sunsphere)와 테네시 암피지에트(Tennessee Amphitheater)였다. 선스페어는 베브(Herbert Bebb)가 설계한 것으로 높이가 266ft이며 5각 면이며 유리창을 청동으로 코팅하였으며 상층에는 376명이 식사할 수 있는 식당과 120석의 조망대를 설치하여 놓았는데 에펠탑보다도 높았다.[163] 테네시 암피지에트는 박람회장과 호수를 따라 지은 것인데 지붕을 유리로 덮었다.

5월 1일 레이건 대통령(Ronald Wilson Reagan)의 참석하에 87,569명이 운집하여 오전 11시에 개막식을 거행하였다. 이날 날씨는 맑고 서늘하였다. 레이건은 박람회의 제목과 무관한 연설을 하면서도 에너지 보호에 관한 국제적 협조를 구하였다.[164] 그런데 박람회 제목과 동떨어진 행위를 한 경우는 레이건뿐만 아니라 중공을 의식한 자유중국도 그러하였다.

우리나라는 머스키 국무장관(Edmund Sixtus Muskie) 이후 여러 번 박람회 초청으로 녹스빌 세계박람회 전담반을 설치하고 주동은 애틀랜타(Atlanta) 총영사를 정부대표로 임명하여 출품하기로 결정하였다(1981. 6. 18). 우리나라

---

162) 위의 보고서, p.10, pp.12~13, p.14, p.18; http://ExpoMuseum.com/1982/
163) 위의 보고서, p.16.
164) Heller, *op. cit.*, pp.107~108.

그림 62. 녹스빌 세계박람회 시 한국전시관(대 82 앞 화면)

전시관은 2,051,565$를 투자하여 지었는데 옥내가 16,744ft²(471평), 옥외가 3,902ft²(110평)으로 총 20,676ft²(581평)이었다.[165] 가교의 장에는[166] 육각정과

그림 63. 한국의 날 공식행사(대 82 앞 화면)

물레방아, 입구에는[167] 쌍사자 석등의 모형, 과거의 장에는[168] 온돌과 에너지 관련 고대 유물, 우호의 장에는[169] 한미관계 100주년 관련 자료, 현재의 장에는[170] 에너지 관련 상품과 우리나라 문화 전반, 미래의 장에는[171] 서기 2000년 미래상을 제시하면서 대체 에너지 관련 내용을 전시하였다. 1982년 녹스빌 세

165) 앞의 보고서, p.61.
166) 위의 보고서, pp.73~74.
167) 위의 보고서, pp.74~76.
168) 위의 보고서, pp.77~84.
169) 위의 보고서, pp.84~86.
170) 위의 보고서, pp.87~89.
171) 위의 보고서, pp.90~96.

계박람회는 조미조약 체결 100주년이 되는 해의 행사이기 때문에 한미 간의 외교적 우의와 문화적 교류를 돈독히 할 수 있는 이벤트가 있을 수 있었기 때문에 많은 박람회 중에서도 특히 주목된다. 그래서 우리나라 전시관은 5월 17일에서 5월 23일까지 1주일을 '한국주간'으로 정하고 18일을 '한국의 날'로 정하여 민속무용 공연, 양주 별산대 공연, 태권도 시범, 한국 우표전, 퍼레이드 등 여러 가지 행사를 하였다.[172]

그림 64. 녹스빌 세계박람회 시 한국의 날 공식행사(대 82 앞 화면)

---

172) 위의 보고서, pp.170~186.

18. 미시시피 강변에서 열렸던
루이지애나 세계박람회

    루이지애나 세계박람회(1984: New Orleans Louisiana World Exposition)는 '강의 세계, 물은 생명의 원천'(World of Rivers − Fresh Water as a Source of Life)이라는 제목을 내걸고[173] 뉴올리언스 루이지애나의 프랑스 영역 쪽 리버워크(Riverwalk) 인접지역인 미시시피 강변에서 열렸다(5. 12~11. 11). 회장

그림 65. 1984 루이지니아 세계박람회 Wonder Wall (EM 1984 Expo)

---

173) 『'84 세계박람회 종합보고서』(대한무역진흥공사, 1985), p.15; Alfred Heller, *World's Fairs and the End of Progress*(Corte Madera: World's Fair, Inc., 1999), p.115.

82acres 위에[174] 해양전문가 쿠스토(Jacques Cousteau)를 전시관 건축 책임자로 앉히고 턴불(William Turnbull)을 설계 책임자로 하여 건축하였다. 미시시피 강변 쪽에 위치하고 있는 지금의 컨벤션센터(Convention Center)로 V자를 거꾸로 엎어 놓은 듯한 지붕을 한 큰 건물 엑스포 대홀(Expo's Great

그림 66. 루이지애나 세계박람회 마스터플랜(N)

Hall), 원더 월(Wonder Wall)이 대표적 건축물이었다. 원더 월은 건축가 무어(Charles Moore)가 페레즈 협회(Perez Associates)의 살바토(Leonard Salvato), 앤더슨(Arthur Anderson)과 같이 설계하였는데 중앙 2,300ft에 걸쳐 마력적인 전등, 빛, 물, 음악이 어우러져 매력을 느끼게 하는데 '크레센트시(Crescent City)의 중앙 운동장'이라고 더 알려져 있는 곳이었다.[175] 이면 쪽에는 치장벽토, 물결모양의 금속, 광장의 딱딱한 종이가 있는 곳이었다. 북쪽 끝 시 정문에 광장이 있는데 산업과 면화 세계박람회(1984)의 메인 빌딩이 있었던 곳이었다. 루이지애나 세계박람회는 우리나라를 비롯하여 미국, 일본, 오스트레일리아, 캐나다, 프랑스 등 23개국이 참가한 가운데[176] 개최한 소규모의 환경문제를 다룬 세계박람회였다. 일찍 1972년 스톡홀름에서 UN이 처음으로 환경문제를 논의한 적이 있었지만 1980년대까지도 당시 세계는 환경문제에 대하여 심각하게 느끼지 못하고 있었던 것이 사실이었다. 저개발국은 물의 오염과 건강의 악영향의 심각성을 깨닫기는 하였으나 이에 대비하기 위한 비용에는 주저하였다. 뿐만 아니라 많은 저개발국들은 관광산업의 저조를 불러일으킬까 봐 두려워한 나머지 물의 오염을 은폐하고 있

---

174) 앞의 보고서, p.14.

175) Heller, *op. cit.*, pp.119~121; D. Clive Hardy, "New Orleans 1984 Louisiana World Exposition", *Historical Dictionary of World's Fairs and Expositions, 1851~1988* edited by John E. Finding and Kimberly D. Pelle(New York: Greenwood, 1990), p.357.

176) 위의 보고서, p.15.

그림 67. 루이지애나 세계박람회
프랑스 참가 인정서(N)

었다. 심지어 UN까지도 루이지애
나 세계박람회의 물 제목에 대하여
언급하지 않을 정도로 무관심하였
다. 그래서 자금 부족으로 박람회
기간 중 진행에 많은 어려움이 있
었다. 그러나 스퍼니(Peter Spurney)
를 박람회 회장으로 연 개회식은
볼만한 광경이었다. 미시시피 강
선창 계단에서 '오! 인간과 강이
여'(OI Man River)라는[177] 독창이
밴드에 맞추어 불리는 가운데 많은
축사가 이어졌다. 전통복장을 입은 각 나라들의 대표가 배에 물을 부어넣는
의식을 행하였는데 매력적 행사의 하나였다. 기선이 물결을 일으키면서 기
동을 하고 치장을 한 전마선이나 예인선이 경적을 내면서 움직이기 시작하
였으며 풍선이 하늘을 나르고 기가 나부끼며 적백청색의 물이 화륜선에서
흘러나오고 소방훈련을 행하였다. 이 박람회는 각 나라 전시관의 진열품이
적었으나 그 나름대로 사람의 마음을 즐겁고 행복하게 만들어 주었으며 흥
분을 일으켜 주었다. 전시관 중에서 가장 잘된 전시관은 캐나다 전시관이었
다. Imax필름을 보여주고 있었는데 그 내용은 카메라가 나하니 강(Nahanni
River) 버지니아 폭포 쪽으로 움직이자 뜨기 시작한 헬리콥터가 폭포에 발사
하는 장면이었다. 또 필름은 육군단의 기계 준설기 케네디(Kennedy)를 부두
에 설치하여 사람들에게 미시시피 강의 준설작업 광경을 보여주는 내용도
있었다. 9분에 걸쳐 헬리콥터를 타고 카메라로 미시시피 강을 살피는 광경
을 보여주는 내용도 있었다. 이 필름은 로렌츠(Pare Lorentz)의 1935년도 작
품을 보고 만든 것이었다. 필름 '강'(The River)도[178] 많은 정보와 기쁨을 안
겨다 주었다. 미국 전시관은 오스트레일리아, 일본, 전시관과 함께 아름다운

---

177) Heller *op. cit.*, p.116.

178) *Ibid.*, p.117.

강에 대한 많은 내용을 담고 있었다. 그런데 일반적으로 외국전시관의 진열품은 많지 않았다. 루이지애나 세계박람회의 문제점이 여기에 있었다. 우리나라도 이 박람회에 관심을 두지 않아 다른 나라와 별로 다를 바가 없었다. 박람회의 세계성이 떨어지고 지역박람회가 되어 버리는 웃기는 행사가 될 뻔하였던 점을 기억할 필요가 있다. 미국 전시관은 3D필름을 상영하였다. "아메리카인이여! 그대는 강을 얼마나 학대하였습니까?"(Tell me, America, how have you harnessed your rivers?)라는[179] 녹음소리가 나오고 화면에는 웃음을 자아내는 장면을 보여주거나 출품에 대한 정보를 제공하였다. 바티칸 전시관은 출품은 많지 않았으나 금은제 성찬배와 십자가가 눈에 돋보였다. 미국 전력 전시관은 박람회 정신에 어긋나는 잘못된 전시관이었다. 핵에너지에 대하여 출품하고 있었는데 그 수준이 저급하였다. 그런데도 '전기의 강들'(Rivers of Electricity)이라는 표어를[180] 전시관에 붙이고 있는 것은 출품 내용과 표어가 맞지 않는 웃기는 전시관이었다. 다른 한 전기회사의 전시관이 회장석 쪽에 설치되어 있었던 것과는 대조적으로 미국 전력 전시관은 박람회장 변두리에 위치한 텐트를 친 전시관이었다. 루이지애나 세계박람회는 지역박람회나 다름없었지만 매력을 끌 만하다고 생각되는 것은 교량입구와 부챗살처럼 연결되어 있는 도로, 모노레일, 허브 로젠탈(Herb Rosenthal)의 수중공원의 분수대, 원더 월의 굴곡선, 나르는 새 모양, 회전식 관람차 등이었다.

우리나라는 1983년 1월 27일 미국정부가 주한 미국대사를 통하여 엑스포 참가를 제의하여 옴에 따라 참가를 검토하였다.[181] 그래서 상공부가 주관이 되어 국무총리의 재가를 얻어(1983. 6. 2)[182] 대한무역진흥공사가 참가사업 시행기관으로 실무를 전담하게 되었다. 1983년 7월 5일 사전조사단(事前調査團)과 박람회장 스퍼니와 협의하여 참가를 박람회에 접수시켰다.[183] 이에

---

179) *Ibid*., p.117.
180) *Ibid*., p.118.
181) 앞의 보고서, p.19.
182) 위의 보고서, p.20.
183) 위의 보고서, p.23.

그림 68. 츠쿠바 엑스포 전경(대 85 앞 화면)

따라 옥내 12,840ft², 옥외 3,000ft², 총 15,840ft² 전시관 사용면적 계약을 스 퍼니와 정부대표 박남균 사이에 체결하였다(1983. 9. 7).[184] 전시관 모양은 준2층으로 설계는 홍익대 산업미술대학원장 한도룡이 맡았다. 전면 옥외는 거북선 ⅓ 모형을 제작 전시하였다. 전시관은 과거관, 현재관, 미래관, 다면 영사실, 관광코너, 공예품직매코너로 구성하였다. 과거관에는[185] 문화재 모 조품, 문화유적의 모형과 사진, 민속물을 전시하였다. 예를 들면 일월성신도, 대동여지도, 미륵반가상, 금관, 완자무늬 등을 전시하였으며 포석정, 물레방 아, 경회루 모형을 설치하였다. 현재관에서는[186] 전자제품, 선박모형, 산업현 장의 사진, 수자원 관련 전시물 등을 전시하였다. 미래관에는[187] 통일에의 염원, 88올림픽에 대하여 전시하였다. 부대시설로 옥내는 사무실, 영사실,

184) 위의 보고서, pp.23~24.
185) 위의 보고서, p.70.
186) 위의 보고서, p.71.
187) 위의 보고서, p.71.

통제실 계단을 두었고 옥외는 공조시설로 하였다. 식당 및 옥외 직매장은 별도로 운영하였다. 우리나라 전시관은 1984년 5월 12일 오후 2시 30분[188] 한봉수 KOTRA사장의 테이프 커팅, 한국 전시관 관람, 다면 영상 상연, 민속무용단 특별공연, 기념 리셉션 순으로 개관식을 거행하였다. 주요한 참석자는 한봉수, 박남균, 관장 정귀래(뉴올리언 한국무역관장 겸직), 롱 상원의원(Russel Long), 밸드리지(Baldridge) 상무장관 등이었다. 한국주간이[189] 5월 21일부터 5월 26일까지였다. 이 중에 조미조약을 체결한 5월 22일은 한국의 날이었다. 한국 전시관 앞 특별행사장에서 금진호 상공부장관부처, 박람회장, 주휴스턴 총영사 박남균, 이기현 뉴올리언스 한인회장 등이 모여 기념식을 거행하였다. 오후 7시에는 한국전시관에서 리셉션을 베풀었다. 5월 23일에는 Amphitheater에서 민속무용 고전의상 쇼를 행하였다.[190]

---

188) 위의 보고서, p.153.
189) 위의 보고서, p.159.
190) 위의 보고서, p.159.

19. 지구는 인간의 영원한 고향:
츠쿠바 엑스포

　　1985년 도쿄 북동쪽 50㎞ 지점에 위치하고 있는 신도시에서 '인간, 거주, 환경과 과학과 기술'(Dwellings and Surroundings‒Science and Technology for Man at Home)을 주제로 내걸고 츠쿠바 엑스포(The International Exposition, Tsukuba, Japan, 1985)가 열렸다(3. 17~9. 16).[191] 일본으로서는 오사카 엑스포(1970: Osaka Japan World Exposion), 오키나와 세계박람회 (1975~76: Okinawa International Ocean Exposition)에 이어 3번째로 자국 내 열리는 박람회이다. 회장의 넓이가 100ha로[192] 우리나라를 위시하여 48개국이 참가하고 20,334,727명이[193] 관람한 거대한 세계박람회였다. 1980년 3월 엑스포 위원회를 설립하여[194] 츠쿠바를 산업화 탐색을 위한 신도시로서 과학과 기술에 있어 전문화된 중심지로 만들려고 하였다. 츠쿠바 세계박람회에서 가장 인상적인 장면은 로봇이다. 박람회의 마스코트가 로봇모델이었다.[195] 푸여 로봇극장(Fuyo Robot Theater)에서는 로봇이 축구도 하고 치어리더도 하였다. 미래 인간이 하는 일을 로봇이 다 대행하리라는 생각을 갖게 하여 준다. 일본 자동차 제조협회 전시관인 쿠루마관(Kuruma‒kan)에서

---

191) 『'85 세계박람회 종합보고서』(대한무역진흥공사, 1986), pp.19~20.

192) 위의 보고서, p.19.

193) 위의 보고서, p.20.

194) 위의 보고서, p.39.

195) 위의 보고서, p.37.

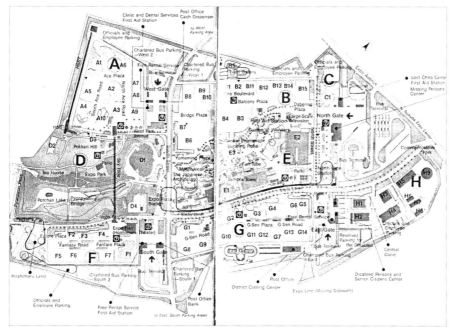

그림 69. 츠쿠바 엑스포 지도(대 85 18)
한국관의 위치는 G8

는 전시관의 전면 중앙을 막론하고 번쩍이는 빛이 현란하고 빌딩이나 거주지 밖에서 생명을 꽉 죄는 것 같은 고속도로 램프 코일로 둘러싸인 구조물을 관람할 수 있고 몸을 감싸는 부드러운 촉감을 피부로 느낄 수 있어 도쿄 미래교통의 모습을 보는 것 같은 착각에 빠지게 한다. 츠쿠바 엑스포는 과학과 기술 엑스포임을 확연히 알 수 있는 한 전시관에는 우주공간에서의 기술을 탐색하는 내용을 전시하고 있어 인기를 끌고 있었다. 그러나 그 기술이 전쟁 관련 기술, 철강부분 기술, 빌딩화된 가옥, 오염에 관한 것이 아닌 인간의 행복을 가져다줄 수 있는 것을 출품하고 있어 관심을 갖지 않을 수 없는 것들이었다. 미도리관(Midori – kan Pavilion)에서는 과학이 장애를 제거하는 과정을 만화화한 무지개 꿈같은 스크린 '위성 바이오 여행'(A Trip to the Planet Bio)을 관람객에게 상연하여 주었다. 이 스크린에서 친구도 가족도 없는 알코올중독이 된 젊은이가 바이오 기술의 이점을 알게 되는 내용을 보여주었다. NEC전시관(국가비상회의 전시관)에서는 우주공간에서의 여행을

그림 70. 츠쿠바 엑스포 시 우리나라 전시관
(대 85 앞 화면)

실제와 똑같이 관람객이 경험할 수 있도록 프로그램을 만들었다. 전시관에 들어가면 3개의 버튼 중에서 하나를 빨리 누르라는 다급한 목소리를 관람객은 듣게 된다. 관람객이 잘못 누르면 TV모니터가 다른 코스를 택하도록 일러준다. 다음에 과정이 잘 진행되어 가는 순간 "조심하시오. 당신은 컴컴한 굴속에 접근하고 있습니다."(Caution! You are approaching a black hole)라는 소리를 관람객은 듣게 된다.[196] 이때 관람객은 빨리 대응하여야 한다. 그렇지 않으면 유성(mean-looking meteorites)이 펀치로 사람에게 먹인다. 로켓이 코스를 바꿀 때처럼 좌석이 수그러지거나 몸서리치게 된다. 다음에는 환상적인 음성장치가 관람객을 꿈틀거리게 한다. 관람객은 계속 소리를 지르게 된다. 드디어 "생명이 위태롭게 되셨습니다. 곧 지구로 돌아가시오."(The life support system is threatened. Return to earth immediately)라는 소리를 듣게 된다.[197] 웅크리면서 땅에 내렸을 때 인간이 아무리 외계를 탐색하더라도 지구는 우리의 고향이라는 것을 관람객은 깨닫게 된다. 이 우주여행을 통하여 깨닫게 되는 것은 기술경쟁하기를 과학자들이 좋아한다면 생명을 지탱하여 줄 지구는 파괴된다는 것이었다. 수송과학의 발달을 보여주는 HSST(고속열차)가 츠쿠바 엑스포에서 선을 보였다. JAL기사와 수미토모 전기(Sumitomo Electric)가 개발한 것인데 시속이 400km로 350m 거리를 왕래하였다. HSST는 일본 단독 발명품이 아니고 영국, 독일, 미국도 만들어 낸 것이다. 마쓰시다 전기 그룹(Matsushita Electric Group)은 일본족과 일본 문화의 기원을 기계장치로 보여주었다. 3단계로 예시하였는데 첫째 단계는 화면

---

196) Alfred Heller, *World's Fairs and the End of Progress*(Corte Madera: World's Fair, Inc., 1999), p.125, p.128.

197) *Ibid.*, p.128.

이 sharp하지 않는 3차원 TV에서, 두 번째는 좁은 cone안에서만 소리를 들을 수 있는 방향지시스피커에서, 세 번째는 넓고 투명한 수정체의 동(動)스크린인 TV세트에서 보이도록 장치하였다. 후지쓰관(Fujitsu Pavillion)에서는 3D 필름을 보여주었다. 이것은 캐나다에서 이미 개발한 것이어서 새롭지는 않지만 DNA 세계에 대한 컴퓨터 그래픽 과정을 보여주었다. 로젠탈(Herb Rosenthal)이 설계한 미국전시관은 주제가 예술적이고 지성적이었다. 재즈도 예술과 지성에 포

그림 71. 츠쿠바 엑스포 시 우리나라 심벌마크(대 85 표지, 63)

함시켜 전시관을 설계하였다. 필름 '생각하는 것'(To think)은 예술과 지성의 미래에 대한 상징성을 표현하고 있었다. 주제는 일어로 기타는 영어로 설명을 했다. TDK관(동물오디오관)은 물고기, 코끼리 등 동물에 대한 필름을 보여주어 교육적인 전시행사를 하고 있었다. 역사관에는 산업혁명 후 일본에서 이루어진 모든 발명 관련 내용을 전시하고 있었다. 엑스포 광장에는 약 250acres가 되었는데 밤에는 붉은색, 푸른색, 자주색 등이 켜지고 28m나 높이 뛰는 Star Jet 활주차에서 나오는 소리와 함께 생명이 꿈틀거렸다. 여기는 290m를 두 사람이 페달을 밟아 달리는 사이클 모노레일도 있었다. 심벌타워 부근에는 수시 바가 있었는데 벨트에 원하는 아이템을 보내면 엘리베이터 트랙을 따라 카운터로 보내지는 시스템을 갖추고 있었다.

우리나라는 1982년 12월 과학기술처 주관하에 박람회 참가주관 문제협의를 위한 관계부처회의를 하였다. 그 뒤 참가유치단이 방한하여 상공부, 외무부 등을 예방하자(1983. 2. 25) 상공부가 관계부처회의를 개최하였다(1983. 3. 18). 뒤에 국무총리가 참가기본방향에 대하여 재가하였다(1983. 6. 2). 드디어 우리나라는 참가방침을 확정하고(1983. 9. 6) 상공부 차관을 위원장으로 한 참가 추진위원회를 구성하였다(1983. 12. 2).[198] 우리나라의 주제는

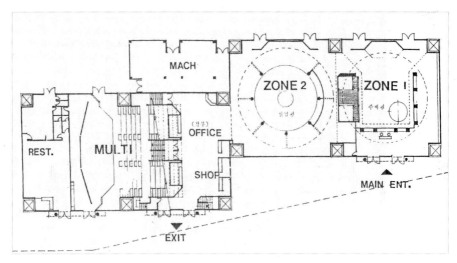

그림 72. 우리나라 전시관의 마스터플랜(대 85 108)

'한국: 과거를 소중히 미래를 향하여'였으며[199] 심벌마크는 '세계 최고(最古)의 천문대인 첨성대와 우주를 상징한 행성괘도 별을 조화시켜 한국과학문명을 표현'한 것이었다.[200]

우리나라는 인타디자인 대표 한도룡(韓道龍)의 설계로 박람회 남쪽 출입구 부근에 위치한 G1 구역에 준2층의 1,665㎡ 전시시설과 158㎡ 별도 옥외직매장을 건설하였다(1984. 11. 15～1985. 3. 7).

우리나라 전시관 전면에는 NEC관, SUNTORY관 등, 후면에는 일본정부관(테마관)이 자리 잡고 있었다. 우리나라 전시관은 외국관 가운데 5위였는데[201] 그 구조는 전시관에는 주제관 산업관 삼면영사관 직매장 식당, 기타 부대시설에는 준2층에 사무실, 영사실, 옥외의 공조실로 구성되어 있었다. 주제관에는[202] 한국의 자연환경, 창조기술과 문화유산, 한일문화의 교류, 전통의상, 전통 주거양식, 전통 공예실을 전시하였다. 이 중에서 창조기술과 문화유산은 혼천의, 첨성대, 안압지, 동궁, 기와집, 전통의상, 나전칠기, 도자

---

198) 앞의 보고서, p.56.

199) 위의 보고서, p.62.

200) 위의 보고서, p.63.

201) 위의 보고서, p.100.

202) 위의 보고서, p.110.

기, 수신사행렬도 등을 전시하였다. 산업관에서는[203] 오늘의 한국과 한일 관계, 서울 전경과 이모저모, 산업기술 노력, 한국의 전략산업, 한국 워드 프로세스, 데먼스트레이션, 의지의 한국인, TV 100대 멀티(소프트웨어: 올림픽과 연예 중심), 88올림픽 예고(올림픽 스타디움 모형)에 대하여 전시하였다. 삼면영사관은 3면 스크린 무비, 민속무용을 상연하였다. 직매장 및 식당에는 한국 전통 요리를 시식하게 하였고 한국 전통 공예품 및 기념품을 팔도록 하였다. 기타 실에는 관광 코너가 있어 명승고적 소개, 관광명소 소개, 관광안내를 하였고, 사무실이 있어 VIP실 사무실 영사실을 만들어 놓았다. 1985년 3월 17일 우리나라 전시관은 상공부 장관, KOTRA사장,

그림 73. 일본 천황의 우리나라 전시관 방문 (대 **85** 앞 화면)

주일공사 등이 참석한 가운데 개관식을 가졌다(오전 10시~오후 2시).[204] 행사는 테이프 커팅, 한국관 관람, 민속무용단 공연, 3면 영화 상영, 기념오찬 순으로 진행되었다. 한국 주간 행사를 엑스포 플라자, 엑스포 홀에서 거행하였다(1985. 5. 14~5. 19).[205] 이 행사 중에는 한국의 날 공식행사를 5월 15일 거행하였다(오전 10:50~12시).[206] 장소는 엑스포 플라자였다. 이원홍 문공부장관 등이 참석하였으며 강선영 무용단 공연(5분), 리틀 엔젤스 공연(40

---

203) 위의 보고서, pp.111~112.
204) 위의 보고서, p.140.
205) 위의 보고서, p.142.
206) 위의 보고서, pp.140~141.

분), 궁중의상 쇼, 사물놀이 공연 등이 있었다. 오후(6시~7:30)에는 우리나라 전시관에서 200여 명이 모인 가운데 리셉션을 베풀고 민속무용공연, 의상 쇼, 행운권 추첨 등 행사를 하였다. 우리나라 전시관을 관람한 귀인 중에는 일본 천황 및 그 수행원 27명이 포함되어 있었다(1985. 6. 26. 오후 2:18 ~2:43). 우리 측은 최경록 주일 한국대사, 이기주 주일한국공사, 오세규 한국전시관 관장이 그들을 영접하였다.[207]

---

207) 위의 보고서, p.146.

20. 찰스 왕자와 다이애나비가 참석한
밴쿠버 엑스포

1986년 엑스포(Vancouver Expo 86: The 1986 World Exposition)는 회장 70ha에 54개국이 모여 북아메리카 캐나다 밴쿠버에서 '움직이는 인류 - 교통과 관련 통신'(World in Motion - World in Touch: Human Aspirations and Achievements in Transpotation and Communication)을 제목으로 내걸고 22,133,000명이나 관람한 세계박람회이다(5. 2 ~ 10. 13).[208] 체르노빌 원전 사고(Chernoby 1 explosions), 아멜다 마르코스 스캔들(Amelda Marcos shoe scandle) 등으로 마치 냉전시대의 소우주를 연상할 수 있었던 시기와 맞물려 많은 역사적 사건과 관련을 맺으면서 개최된 박람회이다. 1978년 밴쿠버 탄생 100주년, 대륙횡단 철도 대륙 서해안 도착 100주년을 기념하기 위하여[209] 박람회를 개최하자는 구상이 밴쿠버인들 간에 있었는데 이 구상을 브리티시 콜럼비아 주정부가 1년이 안 되어 개최를 결정하였다. 4개월 동안 의논 끝에 박람회장을 국립 태평양전시장으로 정하고 다운타운까지 모노레일을 깔도록 하였으나 다운타운까지 혼잡하고 거리가 멀어 남쪽의 펠스 크리크(False Creek)로 변경하였다. 1979년 6월 개최신청서를 국제박람회기구에 제출한 1년 뒤 투표에 의하여 전문 박람회로 인가를 받았다. 인가를 받기까지 시의회가 신속한 교통체제, 도로개선, 회의실, 극장, 과학 센터, 공원,

---

208) 『'86 세계박람회 종합보고서』(대한무역진흥공사, 1986), p.7; 『1998 리스본 세계박람회 종합보고서』(대한무역투자공사, 1998)(대 98), p.14.

209) 『1998 리스본 세계박람회 종합보고서』, 위의 보고서, p.14.

그림 74. 1986 밴쿠버 세계박람회 지도
출처: EXPO 86…… Statistics 한국관은 서쪽 Yellow Zone 3에 위치

분수대 등에 대하여 법률적으로 이익이 되는 면으로 협조하였다. 여기에다 교통과 정보가 주제이므로 시의 개선을 위한 모금에 유리하고 박람회까지 밴쿠버 발전에 교통이 많은 이바지를 하였기 때문에 후보지로서는 펠스 크리크가 가장 적격의 장소였다. 밴쿠버 엑스포는 처음에 시애틀 세계박람회(1962 Seattle World's Fair) 정도의 규모밖에 되지 않았다. 그러나 참가국이 15개국에서 25개국으로 늘어나면서 짧은 시간에 이보다 배나 증가하여 규모가 큰 박람회가 되었다. 54개국 44개 주정부 기타 기업이 참가하였다.[210] 5월 2일 개회식은 캐나다 전시에서 팡파르가 울려 퍼지는 가운데 영국의 찰스 왕자(Prince Charles)와 왕자비 다이애나(Princess Diana)가 참석한 가운데 거행되었다. 찰스 왕자는 "캐나다인 여러분에게 엘리자베스 여왕이 여러분에게 올리는 인사말을 전합니다. ……엑스포의 제목인 교통과 통신은 영국보다 더 큰 콜럼비아 주와 세계에서 두 번째로 큰 캐나다에 맞는 주제입니다. ……나는 나의 아내와 여러분과 같이 엑스포 86의 개회식을 선언하게 되어 무한히 마음이 기쁩니다. ……."라고 연설하였다.[211] 찰스왕자 부부는

---

210) 『'86 세계박람회 종합보고서』, 앞의 보고서, p141.

211) http://www.geocities.com/fairscruff/opening/OpeningDay.htm
    원문은 다음과 같다.
    I bring you the greetings of Her Majesty the Queen who sends her very best wishes to her Canadian Subjects……Expos theme of transportation and communications are fitting and

그림 75. 박람회에 참관하고 있는 찰스 왕자와 다이애나비(1986. 5. 6)
출처: Diana's Pearl Necklaces, dianasjewels.net/pearl necklaces.htm

Prince Charles and Princess Diana at Expo 86
Prince Charles and Princess Diana attend Expo 86, the World's Fair held in
Vancouver, British Columbia in 1986.

Image: © Tim Graham/CORBIS

Photographer:	Tim Graham
Date Photographed:	May 6, 1986
Location Information:	Burnaby, British Columbia, Canada

국무총리 물로니(Brian Mulroney)와 그의 아내 미라 여사(Charles Mila)와 함께 전시관들을 관람하였다. 그런데 다이애나가 개회식 전 한 전시관을 보다가 식욕부진으로 혼미상태에 빠져 호텔로 갔다가 다이애나비가 개회식 전 한 전시관을 보고 개회식에 임석하였던 것이다. 개회식에 54,000명, 54개국, 12개 주, 14개 회사, 밴쿠버 오락단이 참가하였다. 개회식을 축하하기 위하여 플레이스 스타디움(BC Place)에서 7,200명이 공연하였다.[212) GM사, 코카

---

appropriate to this Province which is itself so much larger than the whole of the United Kingdom and also to Canada the second largest Country in the world……So Ladies and Gentlemen, together with my wife, we have the greatest pleasure in declaring Expo 86 officially open.

212) http://www.geocities.com/fairscruff/OpeningDay.htm

콜라, 미놀타, 코닥, 캐나다 내셔널, 캐나디안 퍼시픽, 맥도날드, 국립 캐나다 은행 등 많은 회사가 후원하였다. 100년간의 산업화로 인한 피해 때문에 밴쿠버는 개발의 필요성이 절실하였던 곳이었다. 그래서 CP철도로부터 토지를 매입하고 펠스 크리크 주변 오염을 제거하며 거주지와 상업지를 조성하고 모듈제로 전시관을 건립하였다. 모듈은 14, 11, 9, 8, 6, 5 모듈로 구분하였는데 우리나라는 독일 체코슬로바키아와 함께 5 모듈을 택하여 건립하였다.[213] 박람회장은 북쪽에 황색 존, 녹색 존, 핑크색 존, 남쪽에 청색 존, 홍색 존으로 구분하여 안배되어 있었다.[214] 우리나라 전시관은 황색 존에 위치하고 있었다. 현재 캐나다 플레이스(Canada Place)로 무역회의장이며 북아메리카 서해안 항로 터미널인 캐나다 전시관은 밴쿠버의 북쪽 부두에 위치하고 있었으며 일본인 소유 23개의 호텔식 방과 지붕에 5개의 섬유질 돛을 만들어 놓고 있었다.[215] 캐나다 전시관 이외 전시관들은 펠스 크리크에 별도로 따로 떨어져 있었다.[216] 이 두 곳은 박람회 때 스카이 트레인으로 왕래하도록 설계하였다. 주 회장인 펠스 크리크에는 '고속도로 86'(Highway 86)이라는 제목의 조각과[217] 주제와 관련된 3개의 광장이 유명하다. 여기는 꽃을 줄로 심어 놓아 색깔이 화려한데 이 점이 츠쿠바 엑스포와 구분되는 다른 점이다. 펠스 크리크를 따라서 배를 정박시켜 놓고 있고 '8분 벤치'(eight-minute benches)라는 이름의 휴식처를 만들어 놓았다.[218] 펠스 크리크의 구조물 구성자인 우달(Ron Woodall)은 TV상업 방송 전문가이기 때문에 밴쿠버 엑스포 책임자로 땅과 공기와 해양을 주제와 조각물과 일치시켜 프로젝트를 구성하였다.[219] 우달은 LA올림픽 84의 기(旗)에서 로켓, 배, 평면상의 게시판 조각, 캐나다 원형가옥을 보고 전시관 구상을 하였다. 또한

---

213) http://www.geocities.com/fairscruff/exposcan/History.htm

214) 『'86 세계박람회 종합보고서』, 위의 보고서, pp.8~9.

215) Alfred Heller, *World's Fairs and the End of Progress*(World's Fair, Inc., 1999), p.134.

216) 『'86 세계박람회 종합보고서』, 앞의 보고서, p.11.

217) Heller, *op. cit.*, p.134.

218) *Ibid.*, p.134.

219) *Ibid.*, p.135.

그는 캐나다 정부의 의견을 충분히 수렴하여 고속도로 모형을 조각과 하모니 하여 전시관 구상을 하였다. 86 고속도로 건너 쪽에는 GM사의 후원으로 보여주고 있었던 스피리트 로지(Spirit Lodge)는 쇼로써 인디언의 산업을 유지하기 위한 설명이라고 하지만 이 작품을

그림 76. 밴쿠버 엑스포 시 우리나라 전시관(GK)

통하여 자동차와 오염에 대한 세심한 계획성을 감지할 수 있다.[220]

우리나라의 전시관은 입구를 한국의 전통양식을 택하여 만들어 놓아 한국적 무드가 물씬 풍기고 있었다. 에밀레종을 한국 통신의 심벌로 전시하고 있었다. 거북선 모형을 전시하고 있었으며 한국 음식점이 있어 밖에는 민속무용 공연을 보여주고 있었다.[221]

---

220) *Ibid.*, pp.137 ~ 138.

221) 『'86 세계박람회 종합보고서』, 앞의 보고서, p.36.

21. 오스트레일리아 200주년 기념
브리스베인 엑스포

1) 오스트레일리아의 박람회 시초

오스트레일리아는 1788년 1월 26일 영국의 선장 아더 필립(Arthur Philip)이 시드니 코브(Sydney Cove: Sydney Harbour)에 정착한 이래 1851년부터 금이 발견되자 사람이 몰리기 시작한 시드니와 멜버른 등지에서 박람회가 열리기 시작하였다. 1879~80년 시드니 세계박람회(1879. 9. 17~1880. 4. 20: Sydney International Exposition), 1880년 멜버른 세계박람회(Melbourne Exhibition of 1880), 1888년 오스트레일리아 100주년 기념 멜버른 세계박람회(Centennial International Exhibition at Melbourne, 1888), 1988년 브리스베인 엑스포(International Exposition on Leisure in the Age of Tchnology, Brisbane, Australia, 1988)가 그러한 것이다. 시드니 세계박람회는 뉴 사우드 웨일스 식민지 총독 로프투스(Lord Augustus Loftus)의 주재로 도메인(Domain)에서 돔의 직경이 100ft인 가든궁(Garden Palace)을 위시한 6개 전시관에서 전시하였는데 소규모로 필라델피아 세계박람회(Philadelphia Centennial Exhibition of Arts, Manufactures and Products of the Soil and Mines)의 출품 등급을 본떠 전시한 출품이 9,345종이었으며 1,321,000$의 흑자를 보았다. 방문객이 1,117,536명으로 이 중에 850,480명이 관람권을 매입하여 관람액만 하더라도 202,180$나 되었다.[222] 시드니 세계박람회는 회장이 49acres였다. 이태리식 건축

---

222) John J. Flinn, *Official Guide to the World's Columbian Exposition*(Chicago: The Columbian Guide Company, 1893), pp.272~273; Alfred Heller, *World's Fairs and the End of Progress*(Corte Madera:

가 바네트(James Barnet)와 크리스털궁식(Crystal Palace) 관리자의 영(John Young)이 세운 가든궁에는 프랑스관(A)에서 영국관(Q)까지 17개 관을 두었다. 돌로 지었으나 4개의 탑 안에 솟아 있었던 돔은 목제로 만들었다. 1879년 1월 짓기 시작하여 800명을 고용하였으나 그해 3,000명으로 증원하여 전기를 켜 놓고 야간작업을 하여 지은 것이다. 예술 갤러리에는 헨델(Handel) 작품, 켄달(Henry Kendall) 작시 기아르자곡(Paola Giarza) 등을 연주하였다.[223] 가든궁은 화재로 소실되어 없어졌다(1882. 9. 22).[224] 1880년 멜버른 세계박람회는 1878년 파리 세계박람회(1878: Paris Universal Exposition)에 참가하여 박람회에 매력을 갖은 유럽제국, 일본, 인도, 뉴질랜드가 참가하여 열렸다.[225] 전시관(Carlton Gardens)은 목조건물이었는데 리드(Joseph Reed)가 설계한 것으로 넓이가 21acres이고 돔의 높이가 217ft의 고딕식 건물로 아직도 당시의 것을 전시하고 있는데 빅토리아 박물관(Museum of Victoria)의 소속하에 있다.[226] 전시관의 가격은 1,201,025$였으며 주 전시관의 중심부는 500×160ft이고 임시 홀이 820×400ft이고 영국의 기계를 전시한 부속건물은 21,000ft^{2}이었다. 내국인 12,792명, 외국인 32,000명 전시하였다. 외국인은 미국 360명, 영국 및 아일랜드 1,379명, 프랑스 1,106명, 독일 963명, 이태리 888명이었다. 방문객은 총 1,330,279명이나 되었다.[227] 이 박람회를 통하여 오스트레일리아·미 무역관계가 활발히 전개되었다. 1888년 오스트레일리아 100주년 기념 세계박람회는 1880년 멜버른 세계박람회가 열렸던 같은 장소에서 문을 열었다. 6개월간 문을 열었는데 2,00,000명이 관람하였다. 이 박람회에서는 프랑스가 1,414.66$의 큰

World's Fair, Inc., 1999), p.67.

223) Robert Frestone, "Space, Society and Urban Reform", *Colonial City Global City Sydney's International Exhibion 1879*(NSW: Crossing Press, 2000), p16; Aram A. Yengoyan, "Sydney 1879~1880 Sydney International Exhibition", *Historical Dictionary of World's Fairs and Expositions, 1851~1988*(New York: Greenwood, 1990), pp.72~73. 핀딩(John E. Finding)은 회장의 넓이가 24acres이라고 하였다.

224) Donald Ellsmore, "Interiors and Decoration John Lyon's Ambitious Aesthetics", *Colonial City Global City Sydney's International Exhibition 1879*(NSW: Crossing Press, 2000), p.98.

225) Heller, *op. cit.*, p.67.

226) *Ibid.*, p.66; John Powell, "Melbourne 1880~1881 Melbourne International Exposition", *Historical Dictionary of World's Fairs and Expositions, 1851~1988*(New York: Greenwood, 1990), pp.74~75.

227) Flinn, *op. cit.*, p.273. 핀딩은 방문객이 1,459,000명이라고 하였다.

수확을 올렸다. 풀 베는 기계, 영국의 도자기와 모직물, 프랑스의 교육용 부스, 독일의 피아노, 보헤미아의 유리, 예술전시품, 게틀링 권총과 무기, 미국의 미싱과 타이프라이터, 오스트레일리아산 금, 밀, 털 등이 잘 전시되어 있었다.[228]

2) 브리스베인 엑스포

그림 77. 브리스베인 엑스포의 박람회장 전경 - 선 세일즈(E 88)

퀸스랜드의 수도 브리스베인은 시드니에서 1,000㎞ 북쪽에 떨어져 있는 곳이다.[229] 브리스베인은 1823년 12월 2일 브리스베인 지사의 명령으로 존 옥스레이(John Oxley)의 범선이 브리스베인 강에 도착함으로써 정착이 시작된 곳이다. 높은 생활수준과 국제적 도시로서의 명성으로 인구 1,000,000명을 능가하는 곳이다. 기후와 자연이 잘 조화되어 많은 관광객이 붐비는 곳이다. 1888년 멜버른에서 유럽인의 오스트레일리아 정착 100주년 엑스포를 개최한 바 있었던 오스트레일리아는[230] 오스트레일리아 200년 역사를 기념하기 위하여[231] 1978년 연방정부의 전담반에 의하여 정식 엑스포가 제안되었으나[232] 뉴사우스웨일스 주, 빅토리아 주 등의 호응을 얻지 못하다가 1981년 퀸스랜드 주정부가 관심을 보여[233] 브리스베인 강 남쪽의 South Bank 또는 Kuraby,

---

228) Heller, *op. cit.*, p.67.

229) 『'88 세계박람회 종합보고서』(대한무역진흥공사, 1988), p.87.

230) Heller, *op. cit.*, pp.66~67.

231) 앞의 보고서, p.11.

232) 위의 보고서, p.12.

Beenleigh 시 중에서 South Bank를[234] 개최지로 정하고 1983년 12월 5일 국제 박람회기구의 승인을 얻어[235] 98acres에 열린 브리스베인 엑스포는 제목을 '기술 시대의 레저'(Leisure in the Age of Technology)로 내걸고[236] 38개국이 참가하고 15,760,447명이 관람한 세계박람회이다(1988. 4. 30~10. 30).[237] 엘리자베스 여왕(Elizabeth Ⅱ)의 주재로 1988년 4월 30일 오전 9시 특별 초청인사 600여 명, 일반초청인사 6,000여 명이 참석한 가운데 개막식을 열었다. 브리스베인 엑스포는 1980년대 마지막을 장식하면서 소규모로 조직적이며 생동감이 넘쳐흐른 북적이었던 세계박람회이다. 루이지애나 세계박람회(1984: New Orleans Louisiana World Exposition)의 선명도, 츠쿠바 엑스포(The International

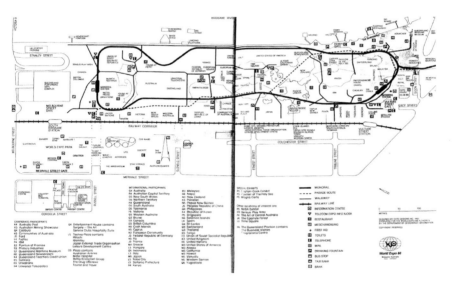

그림 78. 박람회 지도(대 88 7) 한국관 K4에 위치

233) 위의 보고서, p.11.

234) 부두, 매움 굴(brothrel), 우편 전람회 계획지, 선박 보관소, 농기구 보관소, 인사장(Collins Place)이 있었던 곳이다. Michael L. Gregory, "Brisbane 1988 World Expo 88", *Historical Dictionary of World's Fairs and Expositions, 1851~1988*(New York: Greenwood, 1990), pp.366~368.

235) 앞의 보고서, p.11.

236) 위의 보고서, p.14.

237) 위의 보고서, p.13; Michael L. Gregory, "Brisbane 1988 World Expo 88", *Historical Dictionary of World's Fairs and Expositions, 1851~1988* edited by John E. Finding and Kimberly D. Pelle(New York: Greenwood, 1990), p366.

그림 79. 브리스베인 엑스포의 퀸스랜드 전시관
(대 88 앞 화면)

Exposition, Tsukuba, Japan, 1985)의 야심, 밴쿠버 엑스포(Vancouver Expo 86: The 1986 World Exposition)의 성숙도를 목격하였던 오스트레일리아인의 가슴에 느낀 감정이 브리스베인 엑스포를 열게 하여 준 요인이 되었다. 예를 들면 밴쿠버 엑스포를 관람하였던 오스트레일리아인은 밴쿠버 박람회장의 교통체제를 그대로 재현하려 하였다던 것이 그러한 것이다. 뿐만 아니라 조각이나, 박람회장을 거니는 사람들이나, 뉴올리언스의 마르디 그라스(1984: New Orleans Mardi Gras)에서 직행으로 오는 배나, 세계 각지에서 조각품을 운송하고 있는 배 등 밴쿠버의 모든 것들이 오스트레일리아인들에게 선망의 대상이 되어 이것이 박람회가 열게 된 동인이 되었다. 브리스베인 엑스포 구조물 중에 가장 기본적인 것은 브리스베인 강 위에 세 구역에 걸쳐 지은 8개의 천개(天蓋), 즉 차양들이다. 선 세일즈(Sun Sails)라고 한다.[238] 부드러운 양탄자로 골이 있는 천개를 만들었는데 비가 오면 빗물이 골을 따라 밖으로 흘러 나가도록 만들었다. 타는 것과 같은 더위나 소나기가 오면 피난처를 만들어 주는 것이었다. 이같이 브리스베인 세계박람회장의 구조물 특징은 천막형 세일즈이다. 뿐만 아니라 박람회장을 연결하여 주는 교통도구도 위에는 세일로 덮여 있었다. 브리스베인 건축가 매코믹(James Maccormick)에 의하여 그렇게 만들어진 것이다. 지금은 선 세일즈에서 열대 과일과 밤을 팔며 세계 정상급의 배우들이 매일 공연을 하여 사람들이 들끓고 있다. 선 세일즈가 있는 곳에 레이저 빛을 발사하는 높이 38m의 스카이 니들(Sky Needle)이 자리 잡고 있고 밑에 조류사육장이 있었다.[239] 조류사육장은 그물을 쳐 놓았다. 퀸스랜드 전시관은 인기가 있어 부쩍 되는 곳이었다. 전시관에 들어가면 비에 젖은 숲 속을 걸어서 지나가 차를 타고 정글을 통과하면 미개척지인 오지에 도착하게 되는데 이

---

238) Gregory, *ibid*., p.366.
239) 앞의 보고서, p.19.

곳에서 과일도 먹고 새나 동물의 소리를 들을 수 있도록 만들었다. 윌리엄스(Sir Edward Williams) 엑스포 오스트레일리아정부 대표가 브리스베인 엑스포를 세계적인 행사라고 말한 것과 같이 참가국들이 많았다.[240] 그중에 눈길을 끄는 것은 유럽 연합과 아세안(ASEANS)의 참가이다.[241] 소련이 마지막으로 참가하였으며 인도, 사우디아라비아, 이스라엘, 이란, 이락, 브라질, 아르헨티나, 케냐 제외한 아프리카 여러 나라, 터키, 멕시코, 동유럽, 스칸디나비아 등은 불참하였다.

그림 80. 브리스베인 엑스포 스카이 니들
(대 88 표지)

참가국들은 박람회가 내건 제목에 합당한 물건들을 출품한 것이 브리스베인 엑스포의 특징이기도 하다. 예를 들면 이벤트 필름 소비물자 등이 그러하였다. 물론 조직위가 국제박람회기구의 협조로 출품을 엄선하여 전시한 것이 주효한 것이었다. 예를 들면 스코트(Joan Scott) 작 마주르(Derek Mazur) 감독 '캐나다, 또 다른 정부의 움직임'(Canada – Another Government Movie)은 캐나다 필름으로서 우수한 작품이라고 엄선한 것이 그러한 것이다.[242] 미국은 브리스베인 엑스포에 관심을 보여주지 않았다. 골프 스윙을 분석하거나 베이스볼 피치 속도를 연구하는 수준의 스포츠 과학에 관심을 보여줄 정도였다. 그러나 미국은 제품생산 분야에는 관심을 보여주었다. 뉴욕 설계 회사였던 레데 켐프벨 회사(Rathe Campbell)는 대단한 관심을 보여주었다. 브리스베인 엑스포는 눈길을 끄는 전시품들이 많았다. 타이는 보물, 이태리는 돔형 집, 스페인은 천연색 슬라이드, 일본은 3inch 크기의 인간상, UN은 필름, 서오스트레일리아는 금괴, 캘리포니아는 필름과 월드 디

240) Heller, *op. cit.*, p.149.
241) Heller, *ibid.*, p.150.
242) *Ibid.*, p.151.

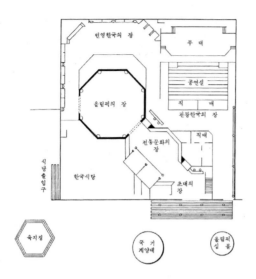

그림 81. 우리나라 전시관 구성도(대 **88 56**)

즈니, 남태평양은 토속춤, 독일은 리노(자동차명), 기타 쿠크 선장 유품 전시, 퀸스랜드 신문전시, IBM 멀티스크린 필름 등이 그러한 것이다. 브리스베인 콘크리트 계단에 가면 브리스베인 스카이라인, 워터 스키, 꽃불을 구경할 수 있었다. 그러나 헬리콥터 소음 때문에 즐기기에 어려움이 많았다.

우리나라에 오스트레일리아가 주한오스트레일리아 대사관을 경유하여 엑스포 참가를 요청한 것은 1984년 10월 20일이다.[243] 그 뒤 우리나라는 엑스포 참가에 대한 국무총리의 재가를 거쳐(1986. 5. 22)[244] 정식으로 통보하고(1986. 6. 26)[245] 추진위원회를 개최하여 대한무역진흥공사의 계획안대로 참가를 추진하기로 하였다(1986. 12. 23).[246] 한국정부 대표는 주호공사 안종구, 관장은 전시부의 2급 정해수였다. 우리나라 전시관의 제목은 '기술시대의 레저'(Korea, Home of the 1988 Olympics and More)였다.[247] 인타디자인 대표 한도룡 교수의 설계로 옥내는 1,445㎡(437평), 옥외는 옥내 면적의 20%로 우리나라 전시관을 지었다.[248] 옥외는 육각정 올림픽 심벌 타워를 설치하고 입구부분에 한국전통 출입구 양식을 택하고 대문 외부 벽면에 태극과 88올림픽을 모티브로 한 심벌마크를 이용한 그래픽으로 관람객을 유도하도록 시설하였다. 옥내는 전시실, 영상실 및 공연실, 직

---

243) 앞의 보고서, p.23.
244) 위의 보고서, p.24.
245) 위의 보고서, p.24.
246) 위의 보고서, p.24.
247) 위의 보고서, p.29.
248) 위의 보고서, p.55.

매점, 식당, 기타 창고 등 준2층으로 구성하였다.[249] 전시실은 초대의 장, 전통문화의 장, 올림픽의 장, 번영한국의 장, 관광한국의 장으로 구성하였다. 초대의 장에서는[250] 한국의 4계절, 한·호 우호관계 등을 표현하였다. 예를 들면 제주일출봉과 유채꽃, 고싸움, 팽이치기, 썰매타기, 강강술래 등을

그림 82. 브리스베인 엑스의 우리나라
전시관(대 88 21)

보여주었다. 전통문화의 장에서는[251] 전통 한옥, 문화재 모조품 등을 보여주었다. 올림픽의 장에서는[252] 올림픽 주 경기장 모형, 올림픽 기념품 전시, 올림픽 및 장애자 올림픽에 대하여 보여주었다. 번영의 장에서는[253] 한국의 첨단 산업기술 및 선진 생활상을 부각시키려 하였다. 예를 들면 포니 엑셀 스포티, 포니엑셀, 쌍용 코란도, 통신기기 등을 전시한 것이 그러한 것이다. 관광한국의 장에서는 관광홍보를 일러스트 등을 사용하여 소개하고 안내 데스크에는 한국관광공사가 탈춤, 인공위성에서 본 한반도, 설악산, 장승, 비원, 불고기, 김치, 구절판, 신선로, 백제 무령왕릉 등 자료를 배포하였다. 영상실 및 공연실에서는 영화상영 및 민속무용을 공연하였다. 우리나라의 전시관은 4월 28일 10식 우리나라 전시관 입구 전통 대문 앞에서 박영수 KOTRA사장, 안종구 정부대표, 천희욱 브리스베인 한인회장, 에드워드 엑스포 88회장(Sir Llewellyn Edward) 등 약 320명이 모인 가운데 개막식을 거행하였다.[254] 식전에 사물놀이 공연(육각정), 테이프 커팅 인사 안내(VIP Room), 테이프 커팅, 한국전시관 순시, 한국정부 대표 인사, 민속무용 특별

249) 위의 보고서, p.55.
250) 위의 보고서, pp.59~60.
251) 위의 보고서, pp.60~61.
252) 위의 보고서, pp.61~64.
253) 위의 보고서, pp.64~66.
254) 위의 보고서, pp.127~132.

그림 83. 브리스베인 엑스포 시 우리나라 민속무용 특별공연(대 88 앞 화면)

공연, 한국전시관 리셉션, 모노레일 시승, 오찬순(한국전시관 내 식당)으로
진행되었다. 한국주간(8. 14~8. 16)에는 한국의 날 행사가 있었다.[255]
Amphitheater에서 8월 15일 10시 30분에서 11시 15분까지 안병화 상공부
장관, 주호한국공사 겸 우리나라 전시관 정부대표 안종구, 윌리암스 엑스포
오스트레일리아정부 대표, 에드워드 엑스포 회장 등 1,200명이 모인 가운데
거행하였다. 식전행사로서 민속무용(사물놀이, 부채춤)이 있었으며 애국가
및 오스트레일리아국가 제창, 엑스포 회장 등 축사, 농악 공연으로 공식행사
를 끝내고 오스트레일리아 전시관 내 VIP라운지 2층에서 기념오찬(12:30~
오후 2:15), 저녁에는 한국전시관에서 리셉션이 베풀어졌다(6:30~8:10).

---

255) 위의 보고서, pp.132~137.

22. 콜럼버스 500주년 기념 세비아 세계박람회

1992년 콜럼버스 아메리카 발견 500주년을 기념하기 위하여 '발견의 시대'(The Age of Discoveries)를 제목으로 내걸고[256] 스페인 세비아의 과달키비르(Guadalquivir) 중앙의 카르투자 섬(Cartuja Island)에서 세비아 세계박람회(The Universal Exposition of Seville −1992: Seville Columbus Quincentennial Exposition)가 열렸다(4. 20~10. 12).[257]

그림 84. 세비아 세계박람회 92 상징 조형물(대세 92 6)

부활절 뒤에 장엄하게 개회식을 행하고 530acres나 되는 넓은 회장에서 113개국이 참가한 세비아 세계박람회는 끝날 때까지 42,000,000명이 관람한 대행사였다.[258] 세비아 시와 엑스포장 사이에 2개의 다리를 새로 놓고 우리 나라를 위시한 참가국이 전시관을 개설하고 출품을 진열하였다. 출품 중에서 특이하게 주목되는 것은 러시아 전시관과 독일 전시관의 전시품이었다. 러시아는 소련이 해체된 뒤 출품을 한 탓으로 전시관 뒷벽의 그림 색깔이

---

256) Alfred Heller, *World's Fairs and the End of Progress*(Corte Madera: World's Fair, Inc., 1999), p.157.

257) 『Expo, 92 세계박람회 종합보고서』(대한무역진흥공사, 1992), p.12.

258) 위의 보고서, pp.12~13; Heller, *op. cit.*, p.155. 헬러는 530acres회장에서 110개국이 참여하였다고 한다.

그림 85. 세비아 세계박람회장 전경 1
(대세 92 앞 화면)

그림 86. 세비아 세계박람회장 2
(대세 92 앞 화면)

좋지 않았다. 그러나 그림에 따라서는 강렬한 색깔을 보여주려 한 것도 있었다. 독일은 헐어낸 베를린 장벽 6개의 조각을 전시하고 있어 냉전의 종식을 실감할 수 있었다.[259] 이 전시는 세비아 세계박람회에서 절정을 이룬 장면이다. 전시관 중에서 가장 감동을 주었던 것은 영국 전시관이었다. 장중하게 생긴 박스형의 전시관에 니콜라스 그림쇼(Nicholas Grimshaw)가 설계한 것이었다. 런던 세계박람회(The Great Exhibition of the Works of Industry of All Nations)의 크리스털궁(Crystal Palace)의 전통을 이어 받아 튜브형 강철, 여러 종류의 외벽을 볼트로 잘 이어 놓았다. 폭포를 만들어 마음속으로 시원함을 느끼게 하였고 전시관 서쪽에도 여러 개의 물탱크를 두어 오후의 열을 식혀 주고 있었다. 에어컨으로 에너지를 절약하고 있었는데 에너지를 보존하려는 기술의 한 전범을 보여주려는 노력을 엿볼 수 있었다. 반대로 미국 전시관은 영국의 전시관과는 대조적이었다. 당시 미국은 걸프전(Persian Gulf expedition)을 치른 뒤 따른 변화 및 개혁과 관심 부족 때문에 박람회 준비를 제대로 하지 못하였다. 전시관은 현대적 기하학적 구조를 갖춘 2개의 플라스틱 텐트였다. 교외무대, 아이스크림 부스를 두었으며, 2개의 피터 맥스 플라스틱 스프레이 페인트 이외 전시관은 회색이었다. 전시관 앞쪽 펜스에는 물이 흘러가고 있었다. 미국의 전시관과는 대조적으로 전시관 중에

---

259) Heller, *ibid*., p.156.

138 ◀◀ 세계박람회란 무엇인가?

는 크기를 자랑하는 것들이 있었다. 예를 들면 일본 전시관이 그러한 것이었다. 타다오 안도(Tadao Ando)가 설계한 일본 전시관은 목제로 지은 것인데 도우미들의 말을 들어보면 역대 세계박람회의 목제전시관으로서는 일본 것이 가장 컸다고 말하였다. 그러나 실은 1888년 엑스포의 멜버른 전시관이 가장 큰 것이었다.[260] 에스컬레이터를 타고 올라가면 전시품이 전시되어 있었다. 프랑스 전시관은 드라마틱하게 유리로 비기르(Jean Paul Viguier), 조드리(Jean F. Jodry) 설계에 의하여 지은 것인데 자랑은 안 하지만 세비아 세계박람회에서는 큰 유리 전시관임에 틀림없었다. 가는 기둥이 지붕을 받치고 있었다. 주최국 스페인의 전시관은 주제인 '발견의 시대' 신(scene)을 찾아볼 수 없어 가장 실망스러운 것이었다. 모양은 돔과 입방체형의 전시관이었다. 돔 밑에서 자리(낙타)에 앉으면 조약돌 위에 말이 끄는 왜건이 코스를 달리도록 만들어 놓았다. 많은 사람들이 타고 좋아한 것이지만 박람회의 특질을 찾아낼 수가 없었다. 전시관 중에는 특이한 모양을 한 것이 있었다. 인도는 공작형, 바티칸은 뿌연 유리로 만든 바실리카형, 적십자사는 지진 때 흔들린 핀 모양, 노르웨이는 튜브형, 멕시코는 X형, 이태리는 블록형인데 제목인 '발견의 시대'와는 전혀 일치하지 않는 형태의 전시관들이었다. 이같이 전시관은 '발견의 시대'와는 거리가 먼 설계로 지었으나 헝가리의 목제 교회는 돛대 활대에 덧대는 보강제를 전시하려 하였다. 그러나 이것도 계획이 중단되어 실망감을 안겨 주었다. 필름 중에는 발견의 정신을 담고 있는 것들이 있었다. 그 필름 중 세비아 세계박람회에서 가장 유명한 것은 베네수엘라의 것이었다. 섬머헤이스(Soames Summerhays), 라벤가(Alba Ravenga)작 엔젤 폴스(Angel Falls)로서 콜럼버스의 탐험에 관한 내용을 담고 있었다. 캐나다 전시관의 Imax Film도 유명하였다. 캐나다 국립 제작국이 제작한 것으로 콜럼버스의 탐험 관련 내용이었다. 남태평양 토인 출신 가수와 무용수의 협조를 얻어 만든 것인데 전시관이 일찍 불타 아쉬움을 남겨 주었다. 필름 중에는 미래전시관의 실렉크(Bayley Silleck)의 3D 필름은 지구의 오염에 관한 내용,

---

260) *Ibid.*, p.158.

그림 87. 세비아 세계박람회 92시의
한국전시관(대세 92 표지)

GM사 후원으로 제작된 필름인 '세계의 노래'(World Song)는 국민의 기본권과 역사자료에 관한 내용을 담고 있었다. 실외용 에어컨이 보급되었는데 박람회의 최대 공적 중의 하나이다. 에어컨이 증기 분출이 거의 안 되고 밤에도 냉동 효과가 컸다. 그러나 파렌크 텐트 극장 (Palenque tent theater), Kangaroo Pub, Jumbotron Plaza에서의 술은 냉각이 되지 않았다. 세비아 세계박람회 개최로 한때 콜럼버스가 살았던 카르두시안 수도원(Carthusian Monastery: Cartuja Monastery)이 새로 부흥된 것은 박람회가 얻은 가장 좋은 결실이었다.[261]

스페인은 1987년 1월 6일 주한 스페인 대사관을 통하여 우리나라의 외무부에 박람회 참가를 요청하였다. 동년 2월 12일 국무총리의 스페인 방문 시 우리나라의 참가를 긍정적으로 검토하겠다고 언급하고 1988년 5월 21일 국무총리가 재가를 하고 이듬해 5월 16일 정부 대표와 부대표를 임명하였다.[262] 우리나라는 국제관 좌측 중앙부에 2,400㎡의 전시관 부지를 확정하고[263] 인타디자인 연구소 대표 한도룡의 설계로 현대건축에 한국의 전통미를 가미하여 1992년 3월 20일 전시관을 완공하였다.[264] 4월 20일 개관식을 개최하였다.[265] 한국 정부 대표는 권태웅 주스페인 대사, 부대표 오창석 마드리드 무역관장이었으며 전시관 관장은 처음 코트라에서 파견한 부장 백창곤이었으나 김형수로 바뀌었다. 전시관의 제목은 '발견의 동반자'였다.[266]

---

261) *Ibid.*, p.156.
262) 앞의 보고서, p.19.
263) 위의 보고서, p.31.
264) 위의 보고서, p.34.
265) 위의 보고서, p.34.
266) 위의 보고서, p.25.

전시관을 찾은 귀빈 중에는 스페인 왕비, 말레시아 수상, 에스토니아 수상, 뉴질랜드 수상내외, 스페인 경제·재무부장관 등이 눈에 띄었다. 출품은 혼천의 거북선, 온돌방, 측우기, 앙부일구 등 모조품 등이었다. 6월 5일 한국의 날에는[267] 최각규 부총리가 기념사를 하고 민속무용 현대무용 태권도 시범 전통의상 쇼를 하였으며 스위스 공연단이 한국의 날 축하공연을 하여 주었다.

세비아 세계박람회 후 박람회장을 잘 이용하고 있다. Technology park인 Cartuja 93 park에는 하이테크, 산업 서비스를 하고 있다. 이곳은 지면의 여유가 많아 각국이 이용할 정도이다. 1977년부터 문을 연 Isla Magica(Magic Island)에는 호수를 볼 수 있고 롤러코스터, 쇼 등을 즐길 수 있도록 만들어 놓았다. 콜럼버스가 살았다는 카르두시안 수도원도 개방하고 있다.

---

267) 위의 보고서, pp.236~241.

23. 배와 바다의 제노아 세계박람회

제노아 세계박람회(GENOA 1992: Specialized International Exhibition)는 1992년 5월 15일부터 8월 15일까지 93일간 크리스토퍼 콜럼버스 아메리카 발견 500주년을 기념하기 위하여 이태리 북서부에 위치하고 있는 제노아 시 VECCHIO PORT에서 '배와 바다'(Ships and the Sea)를 제목으로 내걸고 작은 규모로 열렸다.[268]

제102차 총회(1987. 12. 4)에서 전문 엑스포로 승인을 얻은 뒤[269] LIGURIA 주, 제노아 시, 상공회의소, 항만관리위원회로 박람회 조직위원회(ENTE COLOMBO)를 설립하여 국회 인준을 받아(1988) 열렸다. 회장은 5ha에 EX COTTEN

그림 88. 제노아 세계박람회 **92** 회장 전경(대제 **92** 앞 화면)

---

268) 『제노아 Expo, 92 종합보고서』(대한무역진흥공사, 1992), pp.6~7.
269) 위의 보고서, p.5.

WAREHOUSE 구역, EX NONDED WAREHOUSE 구역, 이태리 전시관 (ITALIA PAVILION), 행사장(FEST SQUARE)으로 나누어 시설하였고[270] 참가국은 48개국 6개 국제기구가 참여하였으며 관람객은 1,720,000명이나 되었다.[271] 세계박람회를 치르기 위하여 도시계획을 하였다. 도시계획의 목적은 시(市)와 역사성이 있는 제노아만 연안과 연계시키는 작업에 관한 것이었다. 그래서 새로 조성된 연안광장이 탄생하게 되었다. 크레인 같이 공중으로 위로 들어 올리는 Grande Bigo는 이 지역에서 앞으로 50년이 가도 박람회 제목에 이보다 더 걸맞은 시설물은 없을 정도로 유명한 존재가 되었다. Grande Bigo 는 4.20$를 주고 타면[272] 올라가는 차에서 제노아 항구, 전시관의 지붕, 구(舊)엘리베이터를 볼 수 있었다. 건축가 렌조 피아노(Renzo Piano)의 설계에 의하여 역사성 있는 건축물들을 복원하여 전시관으로 사용하였다. 이태리 출품이 전시된 새로 지은 수족관은 세련미나 특징이 없었다. 그러나 그런 데로 관람인으로부터 인정을 받았다. 제노아 세계박람회는 규모가 작고 제목의 초점이 하나이며 전시관이 미리 준비되어 있었으며 부스(booth)의 비용이 적게 들고 출품국과의 상호 유대관계가 긴밀하여 참가국 전시관의 구호는 차이가 없었다. 이 점이 세비아 세계박람회(The Universal Exposition of Sville - 1992: Seville Columbus Quincentennial Exposition)와 비교가 된다. 그러나 그중에도 미국과 일본 전시관은 의욕적인 것이 많았다. 미국 전시관은 환경문제와 관련되는 출품을 의도적으로 전시하였는데 주로 암웨이 회사(Amway Corporation) 가 많은 후원을 아끼지 않았다.[273] 암웨이 회사 사장 제이 반 안델(Jay Van Andel)은 미국의 박람회 조직위원회 위원장이었다. 안델은 존 가트랜드(John Gartland)를 연방정부에 보수를 받지 않고 보내 박람회 관련 일을 돕도록 하였다. 가트랜드는 미국조직위원회 부원장으로서 전시관을 운영하였다. 미국 전시관은 여러 가지 말이 많은 가운데서도 미국정부의 환경문제에 대한 좋은

---

270) 위의 보고서, p.9.

271) 위의 보고서, p.6.

272) Alfred Heller, World's Fairs and the End of Progress(Corte Madera: World's Fair, Inc., 1999), p.163.

273) Ibid., p.164.

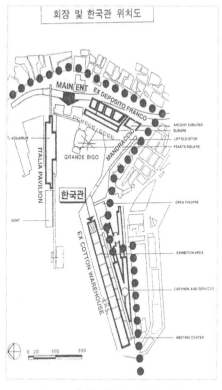

그림 89. 박람회 및 한국전시관 위치도
(대제 92 10 27)

안을 내놓았다. 흠이 있다면 관람인들이 아직도 움직이지 않고 있는데 멀티스크린을 작동시켜 출품에 대하여 필요 없이 과잉선전을 하는 느낌을 갖게 하였다. 일본 전시관은 연안의 물을 많이 사용하는 작은 화물선을 전시하여 놓았다. 화물선이 박람회 제목이나 멀티미디어 쇼 등 그래픽이 있어 과연 일본식 콜롬보 전시관과 같았다. 세계박람회 주최국인 이태리의 전시품은 어떤 세계박람회에서도 찾아볼 수 없을 정도로 좋은 물건을 전시하였다. 박람회가 내건 제목에 부합되게끔 부두에 떠 있는 오목하게 생긴 수송선이 그러한 것이었다. 이물(배의 머리)에서 앞으로 튀어나온 마스트 모양의 둥근 지붕을 새긴 공작(公爵)이 앉는 테이블 치장의 은제 선박으로 항해에 필요한 지도, 차트, 보석, 기구 등을 갖추고 있었다. 아름다운 보석 바로 그것이었다. 박람회장 밖에까지 라이브 뮤직이 울려 퍼지고 기타 오락이 한창이었다. 그러나 작은 규모의 이 박람회가 회장 밖 포도밭에 있는 사람들에게까지 기쁨을 줄 정도로 예산이 풍족하지는 못하였다. 이 같은 현상이 곧 나타나기 시작하였으니 관람인들은 점차 줄어들고 돈도 부족하기 시작한 것이 그러한 것이었다. 제노아 세계박람회는 수입 면에서 별 승산이 없이 끝났다. 제노아 박람회는 하루 관람이면 충분히 다 볼 수 있었기 때문에 관람인이 출품이나 변경된 오락 프로그램을 보기 위하여 재입장하여 이것이 제노아 세계박람회의 중요한 수입원이 되었다. 동시에 국제전시품에 꼭 맞게 직원을 쓰지 않아도 되는 작은 부스가 잘 준비가 되어 흥미를 자아내고 비교적 비용이 적게 들게 되었다.

그림 90. 제노아 세계박람회 시 한국전시관 내부 전경(대제 92 31)

동시에 넓은 스크린 필름이 운영에서 부족한 면을 보충하여 주었다. 동시에 세계박람회에 대한 들끓고 있었던 국제적 평가는 있었지만 각국이 출품을 과도하게 할 필요성을 느끼지 않았으며 엑스포 후원사들도 가상하였던 것 이상으로 간소하면서 우아한 전시관을 설치하였다고 볼 정도였다.

우리나라는 주한 이태리 대사관이 2차에 걸쳐 한국 참가를 요청하자(1988. 6. 2~5. 19) 상공부는 제노아 엑스포에 국가관 기본 모듈로 참가하기로 결정하였다(1990. 10. 25).[274] 전시관의 제목은 '동방으로부터의 협렵자, 한국'으로 정하였다(1991. 4. 2).[275] 전시관은 KOTRA와 한국 프리즘의 김교만의 설계로 국제관 구역인 EX COTTON WAREHOUSE 건물 4층에 설치하였다.[276]

넓이 600㎡에[277] 전시관 영상실 직매장 부대시설을 하여 환영공간, 한국 해양문화의 역사와 전통, 한국의 배(거북선), 한국의 해양산업, 세계 속의 우

274) 앞의 보고서, p.16.
275) 위의 보고서, p.18.
276) 위의 보고서, p.30.
277) 위의 보고서, p.27.

정과 협력, 환송 공간, 영상·공연의 7개 ZONE으로 대별하여 전시하였다.[278] 1992년 5월 15일 오후 4시에 알렌(Ted Allen) 국제박람회기구의장, Bempoard 제노아 엑스포 조직위원장, 임인주 KOTRA시장개발본부장, Merlo 제노아 시장, 황부흥 한국정부 대표를 비롯하여 100여명이 참석하여 개관하였다.[279] 7월 17일 한국의 날에는 한국의 해양문화, 한국의 발전상, '93 대전 엑스포에 대하여 홍보하였다. 한국 전시관 총괄 책임자는 밀라노 무역관 김형식이었다.

---

278) 위의 보고서, p.36.
279) 위의 보고서, pp.93~99.

24. 대전 엑스포 성립과정과 전시장

대전직할시 유성구 도룡벌 273,000평에서 '새로운 도약의 길'(The Challenge of a New Road to Development)을 제목으로 하고 부제목으로 '전통기술과 현대과학의 조화'(Traditional and Modern Technologies for the Development World) '자원의 효율적 이용과 재활용'(Toward Improved Use and Recycling of Resource)으로 하여[280] 1993년 8월 6일 10시 30분 김영삼 대통령 임석하에 개회식을 열고 전 세계 108개국 33개 국제기구가 참석하여[281] 93일간의 박람회를 개최하여(8. 7～11. 7)[282] 14,000,000명이 관람하였다.[283] 대전 엑스포는 한국의 과학과 산업의 발달, 도시화로 인한 환경오염에 대한 자연과 생태계의 보호, 6·25 이후 피눈물 나는 한국인의 노력과 저력, 역사와 문화의 우수성을 보여준 박람회이다. 대전 엑스포는 88세계올림픽을 성공리에 끝내면서 정부가 1991년 8월 세계박람회를 유치하려 하였다.[284] 정부가 그 뒤 엑스포를 개최하기로 정식으로 방침을 세운 것은 1989년 2월 14일이었다.[285] 같은 해 재단법인 대전 엑스포 조직위원회 설립을 마치고(3. 6),[286] 국제박람회기구에 공식으로 개최신청을 하고(9. 19),[287] 오명을 위원장으로

---

280) 『대전 엑스포 93』(대전: 중도일보사, 1993), p.30.

281) 『조선일보』, 1993년 8월 7일.

282) 앞의 책, p.49.

283) 위의 책, p.167. 외국인은 650,000명이 관람하였다.

284) 위의 책, p.26.

285) 위의 책, p.28.

286) 위의 책, p.28.

287) 위의 책, p.28.

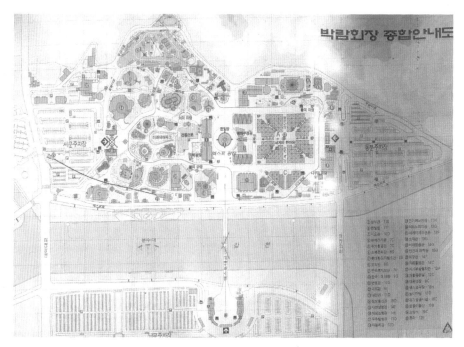

그림 91. 대전 엑스포 회장지도(대공 93 앞 화면)

임명하였다(11. 7).[288] 국제박람회기구의 공식승인은 파리에서 열린 제107차 총회(1990)에서[289] 42개 회원국 중 찬성 38표, 무효 3표, 불참 1표로 솔 롤 랑 의장이 선언함으로써 이루어졌다. 그래서 박람회장 기공(1991. 4. 12)을 한 이래[290] 대회 전까지 3년간 공사의 마무리로 개회식을 거행할 수가 있었 던 것이다. 개회식은[291] 2,000여 명이 참가한 가운데 갑천에서 꿈돌이가 탄 생하는 것을 시작으로 하여 자동차를 타고 엑스포 다리 위에서 다리밟기를 한 다음에 대공연장인 한빛탑 광장으로 가 환영을 받는 '식전행사'로 시작 하였다.[292] 이어서 엑스포 주제가가 울려 퍼진 가운데 참가국 및 국제기구 들의 깃발 입장이 있었고 오명 조직위원장의 개회사, 김영삼 대통령의 개회 식 선언, 알렌(Ted Allen) 국제박람회기구 의장의 축사, 대전시장의 축사가

---

288) 위의 책, p.28.

289) 위의 책, p.26; 오명, 『대전 세계엑스포』(웅진닷컴, 2003), p.59.

290) 위의 책, p.28.

291) 『조선일보』, 1993년 8월 7일.

292) 앞의 책, p.48.

있었다. 식후의 '본마당' 공연이 있었는데[293] 중
심 테마는 '문명의 사계'였다. '문명의 사계'는
봄(농경시대), 여름(산업문명시대), 가을(정보문
명시대), 겨울(핵문명붕괴)을 의미하는 것이었다.
본마당에 이어 '뒷마당'에서[294] 10만 개의 꿈돌
이 인형을 어린이들에게 띄워 보냈다. 개회식은
2시간 동안 이어졌던 것이다. 엑스포 회장은[295]
주제의 마당(정부관, 한빛탑), 문화 창조의 마당
(시도관, 대전관, 국내 독립기업관), 산업 번영의
마당(도약관, 번영관), 세계의 한마당(각국정부의
정부관, 국제지구관)으로 구성되었다. 또 엑스포
회장은 상설전시구역으로 인간과 통신의 세계
(정보통신관, 자연생명관), 탐험의 세계(우주탐험
관, 자동차관), 미래의 기술세계(전기에너지관,
테크노피아관, 이메이지네이션관, 소재관, 미래
항공관, 자기부상열차관), 환경과 자원의 세계

그림 92. 한빛탑: 한국의 산업의
발전과 희망을 상징하는 탑.
스페이스 니들 등과 같이 현존하고
있는 세계박람회의 기념 명물의
하나이다(대 93 15).

(자원활용관, 인간과 과학관, 지구관, 재생조형관)로 구성하였다. 또 과학공
원구역으로써 인간과 통신의 세계, 미래기술의 세계, 환경과 자원의 세계,
기타 구역으로 위락시설지역 관리공급시설지역으로 구성하였다. 정부관은
타원 튜브 모양을 하고 있었는데 청중의 호기심을 불러일으키도록 만든 연
구관이다. 벽에 부딪친 미군 지프차가 있었는데 6·25의 생생한 모습을 그
리는 듯하였다.[296] 한빛탑은[297] 대전 엑스포의 상징물로서 높이가
305ft(93m)이며 제1전망대 제2전망대로 구성되어 있고 108국의 국기가 탑을

293) 위의 책, p.48.

294) 위의 책, p.48.

295) 위의 책, pp.30~31.

296) Alfred Heller, *World's Fairs and the End of Progress*(Corte Madera: World's Fair, Inc., 1999), pp.173~
174.

297) 『대전 엑스포 93』(대전 세계박람회 조직위원회, 1993), p.15; 『대전 엑스포 93』(대전: 중도일보사,
1993), p.172; Heller, *op. cit.*, p.166, p.169.

그림 93. 대전 엑스포의 자동차관(대 93 23)

둘러싸고 탑 주변에는 한빛 광장을 이루고 있었다. 새로 달성된 한국의 과학과 기술의 성취와 희망을 의미하는 탑이다. 자동차관에서는 새 차를 로봇으로 작동시켜 설명하였다. 당시 한국은 2000년도에 세계 자동차 생산의 5위국 달성을 목표로 하고 있었던 점을 감안한다면[298] 자동차관의 전시는 한국 기술의 미래상을 보여주는 듯하다. 자동차관은 한종종합건축사무소에서 설계하여 건축면적 303,990ft²(2,824,4㎡) 위에 지구형 돔을 설치한 철골 건물이다.[299] 자기부상열차는 관람객을 관람지까지 실어 나르는 열차를 시험하고 있는 모습을 보여주었다. 지구관은 ① 메뚜기가 껍질에서 벗어나는 광경, ② 많은 동물의 먹이식물, 동물을 먹는 식물, 동물이 동물을 먹고, 박쥐가 동물을 해치는 광경, ③ 이락사막에서 불타는 오일 저장소에 대한 공포의 과정을 그린 3D는 인간의 생각이 무엇이며 꿈이 무엇인가를 보여주는 스크린이었다. 이같이 국내관은 출품이나 기술 면에서 돋보이게 우수하였으나 국제관은 그러지 못하여 기대에 미치지 못하였다.

우리나라는 1960~1990년간 서울 인구가 5배나 증가하였다. 그래서 엑스포는 정부의 인구분산 정책에 일조가 되었으며 대전이 한국의 새로운 행정도시로 탈바꿈하는 계기를 만들어 주었다. 대전 엑스포는 88올림픽과 같이 사상 처음으로 우리나라가 주최국이 되어 개최한 세계적 행사였다는 점에서 주목할 필요가 있다.

---

298) Heller, *ibid.*, p.168.
299) 『대전 엑스포 93』(대전: 중도일보사, 1993), p.192.

25. 대전 엑스포와 100년 전 우리나라의 출품작

시카고 스테이트가에 세계에서 제일 높은 11층의 백화점을 건설한 바 있었던(1902~1907) 미국의 백화점 재벌가 마샬 필드(Marshall Field)가 지은 (1893) 필드 자연사박물관(Field Museum)은 콜럼비아 세계박람회(Chicago Columbian World's Exposition)의 예술전시관으로부터 우리나라 출품을 양수받아(1921) 지금까지 보관하고 있다.[300]

필드 자연사박물관은 셰드 아케리움 박물관(Shedd Aquarium Museum), 아드러 프라레타리움 박물관(Adler Planetarium Museum)과 함께 박물관촌을 형성하고 있는 곳에 자리 잡고 있고,[301] 1892년 록펠러(John Davison Rockefeller)로부터 거금의 기부금을 받은 시카고 대학(University of Chicago)이 미드웨이 프레이잔스(Midway Plaisance)의 아름다움을 만끽할 수 있는 곳에 위치하고 있을 뿐만 아니라 콜럼비아 세계박람회 연구를 집중적으로 하고 있는 클라크가의 시카고 역사학회(Chicago Historical Society)와 함께 콜럼비아 세계박람회 관련 출품에 관심을 갖고 동아시아 수집물 3,500점의 유물을 보관하고 있었다. 이 중에 우리나라의 유물은 650여 점이며(조선시대＋콜럼비아 세계박람회), 여기에 콜럼비아 세계박람회가 기증한 38점이 포함되어 있다.[302] 대전 엑스포는 필드 자연사박물관에 보존되어 있는 우리나라

---

300) 『시카고 엑스포 참가 전시물 특별전』(세계박람회 조직위원회, 1993), p.32. 콜럼비아 세계박람회사 사장 히긴보담(Harlow N. Higinbotham)이 기증한 것이었다.

301) Ryan Ver Berkmoes, *Chicago*(Melbourne: Lonely Planet Publications, 1998), p.144.

유물 30점을 박람회장 동북변 국제전시구역에 위치하고 있는 문예전시관에서 엑스포 전 기간(全 期間)에 걸쳐 전시하였는데 전시명을 '시카고 엑스포 참가 전시품 특별전'이라고 하고 복식류 18점,[303] 주거품용 4점,[304] 군용품용 8점을[305] 전시하였다. 원래 콜럼비아 세계박람회의 예술전시관이었던 현재 과학산업박물관(Museun of Science & Industry)은 일상생활의 기술 관련 전시품과 산업체의 생산물을 많이 전시하고 있고, 일본 전시관이 있었던 자리에 있는 오사카 가든(1981), 잭슨 공원 중앙에 위치하고 있는 복제 공화국상(1992)이 있는 것을 보면[306] 대전 엑스포의 100년 전 우리나라 유물전시에 감명이 된다. 대전 엑스포는 한국의 세계박람회 역사 100년을 되새기면서 그 역사를 세계에 알리고 대전 엑스포의 기본이념의 하나인 전통기술과 현대과학과의 조화와 만남을 구현하려는 목적에서 시도한 행사였다. 이 같은 사실은 동·서·남문의 건축기법이나 '전통연못'을 조성한 것 등을 보아도 이해가 된다.

그림 94. 대전 엑스포 출품 유물(대중 21)

전시물을 살펴보면 복식류로서 삼회장저고리가 있었는데[307] 최고의 예복으로 지위가 높은 여자가 입는 상의였다. 가슴싸개라고도 하는 허리띠가 있

---

302) 앞의 특별전, p.35; The Boone Collection.

303) 앞의 특별전, pp.12~25.

304) 위의 특별전, pp.24~26.

305) 위의 특별전, pp.26~29.

306) Ryan Ver Berkmoes, *op. cit.*, 후면 지도 Hyde Park.

307) 앞의 특별전, p.12.

없는데308) 조선시대 후기에 여자의 상의가 짧아지면서 가슴이 노출되는 것을 가릴 목적으로 사용한 것이다. 누비속바지가 있었는데309) 궁중에서 제작한 속바지이다. 누비저고리가 있었는데310) 왕실 전용의 저고리이다. 누비바지가 있었는데311) 잔누비바지로 조선시대 주류를 이루었던 바지이다. 그 외도 복식류는 대님, 소창의(도포의 받침옷), 도포, 망건, 갓, 토시, 버선, 초혜(짚으로 만든 신발류), 혁화(별기군 창설 당시 일본의 영향으로 만든 신발), 활옷, 방석 등이 있었다.312) 주거용품으로서 여자채상이 있었는데313) 바느질 용구로 대나무 올로 만들었다. 군용품용으로서 등채가 있었는데314) 이것은 대나무로 만든 군 지휘봉이다. 투구덮개가 있었는데315) 가죽 또는 철 나무를 주재로 만든 것이다. 감투가 있었는데316) 솜모자로 투구의 속모자이다. 내갑이 있었는데317) 갑옷 속에 받쳐 입는 옷이다. 조총이 있었는데318) 수철(水鐵)과 목재로 만든 것이다. 그 외에 목병동포, 호준포 등이 있었다. 대전 엑스포에 전시하였던 유물(21종)을 처음 전시한 곳은 콜럼비아 세계박람회의 제품전시관 및 교양관이다. 콜럼비아 세계박람회의 공식기록에 의하면 우리나라 물품은 No. 90 진주로 무늬를 박아 넣은 괴, No. 106 비단자수품 일반자수품, No. 101 삼베옷 돗자리, No. 104 옷, No. 121 대나무창의 여러 종류 대나무빗 도합 5종의 메달을 받았다. 우리나라의 진열품은 12명이 출품하였는데 장난감 같다고 하면서 과소평가하는 사람도 있었던 것이다. 반면에 예술전시관에서는 우리나라의 도자기가 매력적이고 값어치가 있다고

---

308) 위의 특별전, p.13.

309) 위의 특별전, p.13.

310) 위의 특별전, p.14.

311) 위의 특별전, p.15.

312) 위의 특별전, pp.15∼24.

313) 위의 특별전, p.25.

314) 위의 특별전, p.26.

315) 위의 특별전, p.27.

316) 위의 특별전, p.27.

317) 위의 특별전, p.27.

318) 위의 특별전, p.26.

소문이 나 있기도 하였다.[319] 정경원이 귀국하여 건청궁에서 고종에게 귀국보고를 할 때 출품을 각처 박물관과 학교에 보냈다고 한 것을 보면 우리나라 출품이 국내로 반품되지 않았음이 분명하니 이는 유감스러운 일이 아닐수 없다.[320] 대전 엑스포에서 원래 우리의 것이었던 유물을 대여받아 전시하였으니 이는 난센스가 아닐 수 없다.

319) 이민식, 「미시건 湖畔 세계박람회에서 전개된 개화문화의 한 장면」『한국사상과 문화』 제13집 (한국사상문화학회, 2001), pp.182~192. 이 논문에 나오는 물종, 메달 수, 출품자 수는 오기임을 밝혀둔다.

320) 이민식, 「19세기 콜럼비아 博覽記에 비친 정경원의 대미외교와 문화활동」『근대한미관계사』(백산자료원, 2001), pp.562~566. 필드 자연산박물관 외 피바디 박물관 스미스소니언 박물관에도 우리나라 출품이 약간 보관되어 있다. 김영나, 「'박람회'라는 전시공간: 1893년 시카고 만국박람회와 조선관 전시」『서양미술사학회 논문집』 13(2000), p.92.

26. 바스코 다 가마 인도항로 발견 500주년
기념 리스본 세계박람회

1998년 5월 22일부터 9월 30일까지[321] 조직위원장 캠포스(Torres Campos)의 지휘 하에 리스본에서 포르투갈로서는 처음으로 리스본 세계박람회 상징탑인 바스코 다 가마탑(Vasco Da Gama Tower)을 세우고[322] 세계박람회(Lisbon World Exposition 1998: EXPO'98 Lisbon)를 열었다.

회장은 테쥬 강변의 60㏊(60,000,000㎡) 이었으며 관람인은 10,023,000명으로 참가한 국가가 146개국 국제기구가 14개 도합 160개였다.[323] 참가한 규모로 본다면 런던 세계박람회 이래로 가장 큰 박람회였다. 세비아 세계박람회(The Universal Exposition

그림 95. 리스본 세계박람회 상징탑(바스코 다 가마탑)(대 98 앞 화면)

of Seville - 1992: Seville Columbus Quincentennial Exposition)가 성공을 거둔 데다 바스코 다 가마의 인도항로의 발견에 대하여 여러 가지 연구를 한 포르투갈 국립연구기관의 주장으로 열린 전문 엑스포였다. 그런데 리스본 세계박

---

321) 『1998 리스본 세계박람회 종합보고서』(대한무역투자공사, 1998), p.17.

322) 위의 보고서, 앞 화면, p.19.

323) 위의 보고서, p.14, p.18.

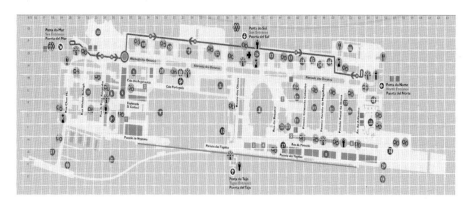

그림 96. 리스본 세계박람회 지도(P)

람회는 단순히 바스코 다 가마(Vasco da Gama)의 역사적 기념에 국한하지 않고 지구상의 70%를 점령하고 있는 바다와 역사적으로 덜 알려진 사실을 다룬 박람회였다. 리스본 세계박람회가 주안점으로 삼은 것은 박람회 준비 계획과 동 리스본에 위치한 테쥬 강변 60ha 개발문제였다. 그 외 박람회장의 환경정화와 경제적, 재정적 구조문제였다.[324] 1990년대 지구인의 최대 논의의 관심사는 대양의 현실적, 문화적 가치에 있었다. 이것은 대양을 어떻게 지키며 과학적 윤리적 관점에서 법적 보호 장치를 함으로써 새로운 정신을 창조할 미래에 유산으로 남겨두어야 할 것이 무엇인가라는 문제와 직결되는 것이었다. 그래서 리스본 세계박람회는 '미래를 위한 유산, 대양'(The Oceans -A Heritage for the Future)의 주 제목하에[325] 하위제목을 설정하였다. 첫 번째 하위제목은[326] '대양의 자원을 위한 바다에 대한 지식'(Knowledge of the Seas, Resources of the Oceans)이었다. 이에 대한 것은 ① 연변에서 대양까지, 대양수면에서 대양물속까지, ② 자연의 변화와 해양계 생명의 연계성 문제, ③ 조류와 연안의 역학문제, ④ 대륙의 형편과 해저의 구성문제, ⑤ 미래의 자원(새로운 에너지)의 상태에 대한 모니터와 변화에 대한 지식, ⑥ 대양과 발전(21세기 자원의 보고인 대양에 대한 이해와 노하우의 필요성),

---

324) Alfred Heller, *World's Fairs and the End of Progress*(Corte Madera: World's Fair, Inc., 1999), p.202.
325) 앞의 보고서, p.19.
326) 위의 보고서, p.19.

⑦ 국제적 협조의 역할의 중요성에 대한 내용이었다. 두 번째 하위제목은[327] '대양과 레저'(The Oceans and Leisure)였다. 이에 대한 것은 ① 모든 사람의 활동무대인 대양의 민주화, ② 아르고선(Argonauts) 일행과 바다의 신과 이카루스신(Icariuses)으로서의 새 인간으로 해상의 집단여행과 문화여행과 관련된 문제, ③ 바다에 대한 인간의 꿈과 난파의 보호를 받기 위한 순양함과 대양 정기선에 대한 수상기술과 새로운 수상 스포츠 재료, ④ 수중공원 수중고고학 보존책과 관련된 해양 탐험 문제에 대한 내용이었다. 세 번째의 하위제목은[328] '대양과 지구와의 평형'(The Oceans and Planetary Equilibrium)이었다. 이에 대한 것은 ① 대양과 지구변화(일기예보와 영향), ② 극지방의 분포와 해빙, ③ 자연재해, ④ 대양 청정(淸淨)의 상태, 즉 오염문제, ⑤ 연안지역의 종합적 관리에 대한 내용이었다. 네 번째의 하위제목은[329] '예술적 영감의 원천으로서의 대양'(The Oceans, Source of Artistic Inspiration)이었다. 이에 대한 것은 ① 화가(미술)의 주제가 되는 바다. ② 바다의 소리와 인간의 노래, ③ 미지의 공포의 심벌(종교와 신화), ④ 웨이브의 형태(조각), ⑤ 물의 파동과 몸의 활기찬 움직임(무용), ⑥ 무대상의 바다(드라마), ⑦ 대중적 조상(彫像) 연구(그림 기능 작업), ⑧ 바다를 대상으로 하는 시와 대양의 역사(문학과 역사), ⑨ 대양의 미로(미궁)와 분리된 바다(오페라)에 대한 내용이었다. 박람회 건물은 테쥬 강변을 따라 총 72,500㎡에 224 모듈 단위에 의하여 조성하였다.[330] 전시관 건립의 목적은 단순히 박람회 전시관으로 1회 사용키 위하여 지은 것과 신도시의 기초와 중심지로 삼기 위하여 강변 2km와 70ha 건물을 벽으로 둘러싸인 것처럼 보이도록 지은 것이었다.[331] 회장은 북문→아라메다대로→남문이 연결되는 북남축과 지금 바스코 다 가마 쇼핑센터인 선 엔터란스→오리엔트역 테쥬 강 입구가 연결이 되는 동서축으로 구성되어 있었다. 출품은 북(北)국제지역, 남국제지역,

327) 위의 보고서, p.20.

328) 위의 보고서, p.19.

329) 위의 보고서, p.20.

330) http://www.parquedasnacoes.pt/en/expo98/recinto.asp(The Most International of Expositions)

331) http://www.parquedasnacoes.pt/en/expo98/recinto.asp(Expo Site)

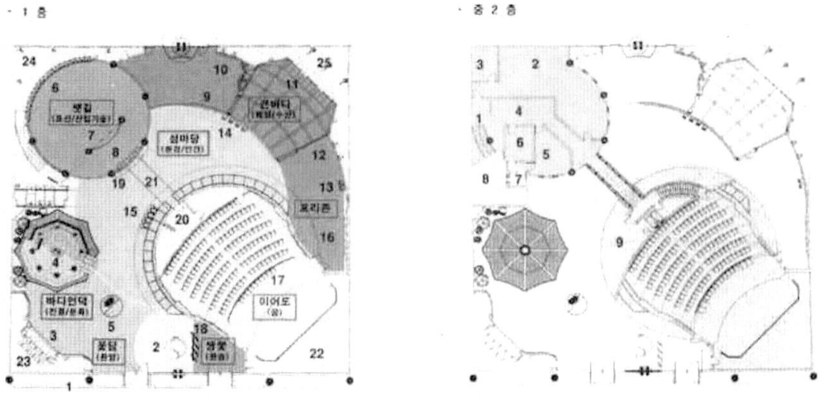

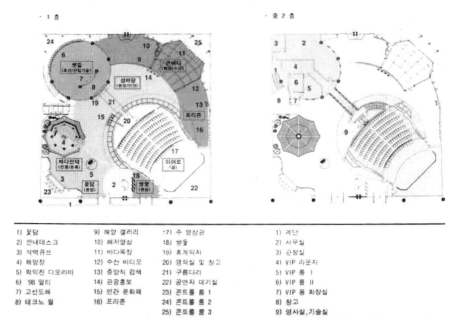

1) 꽃담
2) 안내데스크
3) 석벽큐브
4) 해망정
5) 확익진 디오라마
6) '98 멀티
7) 고선도해
8) 테크노 월
9) 해양 갤러리
10) 해저영상
11) 바다목장
12) 수산 비디오
13) 중앙식 검색
14) 관광홍보
15) 민간 문화재
16) 프리즌
17) 주 영상관
18) 쌍돛
19) 휴게의지
20) 갱의실 및 창고
21) 구름다리
22) 공연자 대기실
23) 콘트롤 룸 1
24) 콘트롤 룸 2
25) 콘트롤 룸 3

1) 계단
2) 사무실
3) 관장실
4) VIP 라운지
5) VIP 룸 I
6) VIP 룸 II
7) VIP 용 화장실
8) 창고
9) 영사실, 기술실

그림 97. 리스본 세계박람회 시 우리나라 전시관 공간 배치도(대리 14)

국제기구지역, 국내기구지역, 기업지역으로 나누어 전시하였다. 그러나 나중에 보아서 북국지역은 FIL리스본 국제전시장으로 바꾸고 나머지 지역 약간도 바꾸기로 약속하고 건물들을 지어 놓았던 것이다. 전시관 중에서 해양수족관은 리스본 세계박람회의 꽃이라 부를 수 있을 정도로 잘 설계된 세계에서 가장 큰 것이었는데 동인도 태평양 남극 대서양의 물고기를 가져와 만든 것이었다. 미래전시관은 3D 필름을 2개 부분으로 나누어 보여주었는데 세비아 세계박람회의 환경 전시관을 모방한 것이었다. 사실 전시관은 붐비는 전시관의 하나였지만 입장하기 위하여 줄을 서서 기다려야 할 정도였다. 리스본 세계박람회에서 가장 성공을 거둔 전시관이 유토피아 전시관이었다. 10,000명을 수용할 수 있는 대형 건물 외면이 거북이 등껍질처럼 생겼는데 건물 안에 들어가면 30분 특별 상연이 있고 관람을 끝내는 데 3시간이 걸렸다. 필름 내용 중에 물에 대한 것이 나오지만 관중의 눈길을 끌지 못하였다. 포르투갈 전시관은 인도항로 발견에 대한 오디오를 보여주었다.

포르투갈 총리가 우리나라의 국무총리에게 엑스포 참가 초청 서한을 처음

으로 보내왔기에 접수한 것이 1995년 1월 18일이었다.[332] 그래서 우리나라는 산업자원부가 주관이 되어 엑스포 참가 계획을 확정하였다(1996. 1. 30).[333] 정부 대표는 최홍건(산업자원부 차관)이었으며, 관장은 처음에는 대한무역투자진흥공사 파견 2급 이기였으나 중간에

그림 98. 리스본 세계박람회 시 한국 전시관 조감도
(대리 앞 화면)

한종운(리스본 무역관장 겸임)으로 교체하였다. (주)시공테크 대표 박기석의 설계로 우리나라 전시관 시공은 완성되었다(1998. 2. 1~1998. 4. 30).[334] 우리나라 전시관의 주제는[335] '생동하는 바다를 삶의 터전으로'(In Harmony with the Living Sea)였으며 부제는[336] ① 바다, 풍부한 문화의 원천(The Sea, Source of Culture) ② 바다를 향한 기술(Technology towards the Ocean) ③ 바다 위의 슬기(Wisdom on the Sea)였다. 우리나라 전시관은 준2층이었는데 1층은 전시구역과 주 영상관(이어도), 2층은 사무실 VIP라운지 통제실 등의 관리구역으로 지어졌다. 그래서 1, 2층 도합 1,570㎡(475평)이었다.[337] 전시구역에는 안내 데스크, 바다언덕, 뱃길, 큰 바다, 섬 마당, 이어도, 쌍돛(환송 이미지), 기타 직매장 등 공간을 두었다.[338] 입구에 꽃담이 선을 보였는데[339] 꽃담 입구 정면에 각종 안내 기념품을 배포하는 안내데스크를 두었다. 메시지 월에는 심벌마크, 마스코트, 환영 메시지 그래픽 디자인한 것을 보이도록 했다. 바다언덕에서는[340] 한국의 전통문화를 소개하였다. 예를 들면 장보고에 대한

332) 앞의 보고서, p.25.

333) 위의 보고서, p.25.

334) 위의 보고서, p.78.

335) 위의 보고서, p.31.

336) 위의 보고서, p.31.

337) 위의 보고서, p.61.

338) 위의 보고서. p.61.

339) 위의 보고서, pp.63~64.

그림 99. 마스코트
(대리 **4**)

영상 그래픽 비디오 등을 보여주었으며, 거북선모형 등을 전시하였다. 뱃길에서는 조선산업기술을 소개하였다. 예를 들면 그래픽으로 영종도 프로젝트, 한국의 조선사를 보여주었다. 큰 바다에서는 해양 수산을 소개하였다. 예를 들면 사진 패널로 남극세종기지, 사진으로 근해해저를 보여주었다. 섬 마당에서는[341] 환경과 인간과 관련되는 내용을 소개하였다. 정보검색을 통한 관광을 홍보하고 제주도 풍경사진을 보여준 것 등이 그러한 것이었다. 이어도는[342] 주 영상관으로 인간의 꿈을 소개하였다. 해녀, 전복진주에 관한 내용 등을 보여주었다. 쌍돛은[343] 환송을 하는 곳인데 여기에는 쌍돛단배 2개의 이중구조물, 기념품 판매대 2조를 두었다. 우리나라 전시관 개관식은 김은상 KOTRA사장, 이동익 주포르투갈 한국대사, 주포 한인회장 최달식 등이 참가한 가운데 거행하였다(1998. 5. 22. 오전 10시).[344] 식전행사로 사물놀이를 우리나라 전시관 앞에서 공연하고 테이프 커팅 등 행사를 하였다. 한국주간(5. 31~6. 5) 중에 한국의 날 행사를 거행하였다(1998. 5. 30. 오전 11시 30분).[345] 이 행사는 한국정부대표 최흥건과 포르투갈 정부대표 모우라(Pena Moura) 경제부 장관이 주재하였다. 최흥건, 이동익 주포한국대사, 정해수 KOTRA 통상기획본부장, 캠포스 조직위원장 등 1,0000여 명이 참석한 가운데 Ceremonial Plaza에서 거행하였다. 태극기 게양, 사물놀이 공연, 주제관 포르투갈관 방문 기념행사 개최, 포르투갈 전시관 참관, 공식오찬, 한국전시관 순방, 수족관 방문, 한국의 날 특별공연, 리셉션 순으로 진행하였다. 최흥건은 기념사에서 바다의 중요성을 역설한 내용의 연설을 하였다. "……

---

340) 위의 보고서, pp.64~68.

341) 위의 보고서, p.68.

342) 위의 보고서, pp.72~74.

343) 위의 보고서, p.74.

344) 위의 보고서, p.191.

345) 위의 보고서, pp.192~196.

오늘날 바다는 인류의 마지막 남은 자원의 보
고이며 지구의 생태적 균형을 유지시키는 필
수적인 존재로서 모든 생명의 유지와 보존에
있어 중요한 역할을 하고 있습니다. 뿐만 아니
라 무한한 가능성을 지닌 바다의 이용과 개발
은 인류의 생존과 번영을 보장하는 핵심적인
요소로 생각합니다. ……한국에서도 지난 93

그림 100. 한국 심벌마크
(2안 중 1안 채택)(대리 4)

년 대전에서 국제박람회를 개최한 바 있습니다. 대전 Expo 93에 귀국의 마리
오 소아레스 대통령께서 참석하셔서 한·포르투갈 양국 간의 돈독한 우호증진
을 다짐하였던바, 한국의 이번 리스본 Expo 참가를 계기로 양국관계가 더욱
확대 발전되기를 기대합니다. ……"[346)

리스본 세계박람회 후 박람회장은 첨단 상업단지, 공공기관 단지가 되었
다. 국립공원 Parque das Nações으로 탈바꿈시켜 대양관(Ocean Pavilion)을
유럽 최대의 수족관인 Oceanarium으로 개조하였으며 정원 박물관 현대빌딩
들을 만들어 관광객이 많이 찾아온다.

그림 101. 리스본 세계박람회의 우리나라 전시관
(대 98 앞 화면)

그림 102. 리스본 세계박람회의 우리나라 전시관
(대 98 앞 화면)

---

346) 위의 보고서, pp.195~196.

27. 인간과 자연과 기술의
하노버 엑스포

　　북독일에 위치하고 있는 하노버는 동서로 모스크바와 파리, 남북으로 로마와 스톡홀름 사이에 있는 도시이다. 독일 국내에서는 3시간 안쪽에, 유럽 주요 도시에서는 비행기로 3시간 정도 걸리는 독일 제1의 무역도시이다. 집값이 쌀 뿐만 아니라 녹색도시로 쇼핑에 편리하고 고도한 문화를 담고 있는 도시이다. 이 도시의 남하노버에서 요하네스 라우 독일 대통령(Johannes

그림 103. 하노버 엑스포 전경(대 20 앞화면)

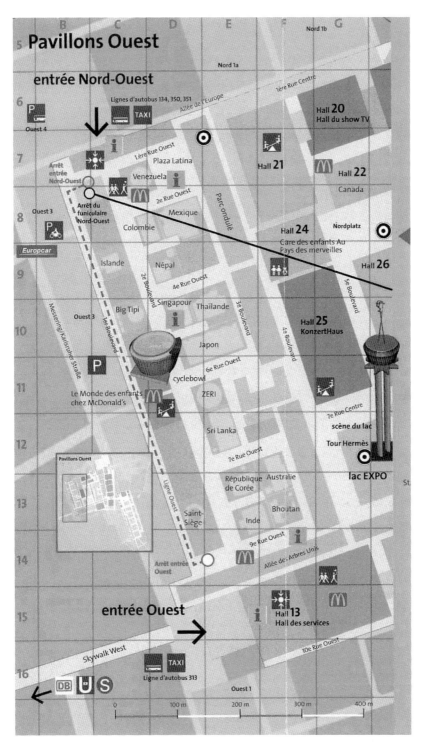

그림 104. 2000 하노버 엑스포 지도 – 임시독립관 서쪽구역에 한국관 위치 명시
(EM – Hanover Expo – Links – Expo2000 – retrospetive site in
France – Plans Du Site De L'Expo)

Rau), 슈뢰더 독일 총리(Gerhard Schroeder), 국제박람회기구 위원장이 참가한 가운데 새 천 년과 통독 10주년(통독 기념일 1990. 10. 3)을 기념하기 위하여 1,400명이 참가한 가운데 박람회장의 동문에서 개막식을 개최하였다 (2000. 6. 1~10. 31).[347] 식전행사로서 풍장패 사물놀이를 하였으며 행사 중 한국 측 공식대표 기념사(산업자원부 오영교 차관)와 심가희 국립무용단의 민속무용공연이 있었다. 인근의 프레스 센터에서는 안동차전놀이(주요무형문화재 24호)로 개막 축전 공연을 하고 오찬을 한국전시관에서 한 다음 공식행사장에서 한국 민속무용 및 궁중의상 쇼 대회를 한 다음 공식행사를 종료하였다. 이로써 2000년 153일간 미국이 참가하지 않은 채 160개국 47개 국제기구가 참가한 가운데 독일로서는 처음으로 세계박람회(EXPO 2000 Hannover)를 개최하였다. 회장의 넓이는 1,600,000㎡(484,000평)이었으며 20,956,797명이 관람하였다.[348] 1974년 스포케인 최초 환경엑스포(Expo '74 World's Fair) 이후 많은 엑스포에서 환경문제를 거론하였으나 21세기 전환기로 들어서면서 그 목소리가 줄어든 것이 사실이었다.[349] 그래서 다행히 리스본 세계박람회(Lisbon World Exposition 1998: EXPO '98 Lisbon)가 거행되었으나 하노버 엑스포는 리스본 세계박람회보다 더 야심적이고 넓은 의미를 내포한 세계박람회를 개최하였다. 하노버 엑스포의 제목인 '인간과 자연과 기술'(Mankind – Nature – Technology)의 의미가 그러한 것이다. 엑스포 후원업체가 "새로운 형태의 엑스포는 뛰어나게 더 크고 훌륭한 기술을 발전시키는 것이 아니라 지구공동체가 미래세계의 사회생태학적 경제적 도전에 어떻게 대응하는가?"를 보여주는 기회가 될 것이라고 하였는데[350] 이것이 제목이 갖고 있는 그 의미를 뒷받침하여 주고 있다. 그래서 하노버 엑스포는 건강, 음식, 생활과 일, 환경과 개선, 통신, 여가, 유통, 교육, 문화 등 여러 분야에 걸쳐 광범위하게 문을 열었다. 이 중에서 환경문제에 대하여서는

---

347) 「하노버 엑스포 종합결과 보고서」(대한무역투자진흥공사, 2000), pp.19~21.

348) 위의 보고서, p.19.

349) Alfred Heller, World's Fairs and the End of Progress(Corte Madera: World's Fair, Inc., 1999), p.207.

350) Ibid., p.207.

엑스포 조직위가 리오데자네이로에서 개최되었던 1992년 UN환경회의에서 채택된 프로그램 Agenda21을 실천하기 위하여[351] 독일과 출품국에 특별히 요청하였다. 하노버 엑스포는 기존의 장소에서 박람회를 연 것이다. 하노버 무역전시장을 박람회장으로 만들었다. 옛날 건물은 리모델링하고 지은 지 얼마 되지 않은 것은 모양을 정돈하였다. 기존의 건물을 이용하여 박람회를 열었지만 전람회 규모가 거대하였기 때문에 단시일에 끝나지 못하였다. 뉴욕인 레비탄(Leonard Levitan)은 이에 대하여 "업무에 대한 많은 예약이 되어 있고 그 당시 무역과 관계되는 박람회였으며 전시 기간 동안 유용한 분야가 모두 차 있었기에 그러하다."라고 말하였다.[352] 회장 건설은 독일 회사가 고안한 242m 길이의 제페링형 비행선이 맡아 추진하였다.[353] 회장에 세워진 유명한 전시관은 네덜란드와 헝가리 전시관이었다. 박람회가 끝난 뒤 하노버 박람회장을 하노버 엑스포 공원이라고 칭하고 있다. 인근에는 통신에 대한 정보제공은 물론 국제적 전람회를 가진 바 있었던 유명한 CeBIT가 위치하고 있다. 박람회장이었던 현재 하노버 엑스포 공원은 건강과 생명공학은 물론 미래에 대한 정보 통신기술 멀티미디어 응용연구 교육문제를 탐구하고 있다. 니델삭센과 브레멘, 노드 메디아의 스테이트 메디아 회사, 노드 메디아사, 예술설계대학이 들어서 있다. 그런데 하노버 엑스포 공원은 이미 1994년부터 Expo Grund GmbH사가 지주로 소유하여 오고 있었던 곳이다.

---

351) *Ibid.*, p.208.
352) *Ibid.*, p.208.
353) *Ibid.*, p.208.

그림 105. 한국관 전시관 입구 램프와 안내데스크(대 20 32)

우리나라가 엑스포 당국에 공식 참가신청을 한 것은 102번째로 1997년 1월이었다.354) 주관처는 산업자원부(무역진흥과)였으며, 시행처는 대한무역투자진흥공사(하노버 엑스포 전담반)이었다. 정부대표는 주독일대사 이기주였으며 초대 관장은 본사 2급 임인택, 2대 관장은 역시 2급 신현길이었다. 한국전시관부지면적이 3,700㎡, 건축연면적이 2,371㎡로 임시 독립관구역 서문에서 170m 거리에 자리 잡고 있었다.355) 설계자는 (주)포스에이씨 종합감리 건축사 사무소 박경수였으며 건물구조는 지상 3층 철골조였다. 1999년 7월 12일 착공하여 2000년 5월 12일 조경공사를 완료하였다.356) 건물의 입구에는357) 물과 관련된 한국 산수화 7점을 램프에 설치하고 안내데스크를 두어 종합 안내 팸플릿을 배포하였다. 1층에는358) 문화상품 전시홍보판매코너, 2010년 엑스포 유치홍보 코너, 인터넷 정보검색대, 한국식당이 있었다. 2층에는359) 주 전시관 및 서울시 환경개선 홍보 코너, 전시관 중층 영사관, 분장실, VIP실, 상담실이 있었다. 3층에는360) 사무실, 도우미 경의실(更衣室), 휴게실이 있었다. 전시는 전시공간을 하늘의 물, 땅의 물, 바다의 물,

---

354) 앞의 보고서, p.40.
355) 위의 보고서, p.39.
356) 위의 보고서, p.40.
357) 위의 보고서, p.45.
358) 위의 보고서, p.43.
359) 위의 보고서, p.43.
360) 위의 보고서, p.43.

한국문화와 산업홍보 마당으로 구분하였다. 하늘의 물에서 연출내용은 '과거 한국인들은 물을 어떻게 다루었는가?'였다.[361] 연출기법은 어머니 모형, 측우기 모형, 세종대왕 모형 등을 전시하거나, 촛불 정화수 등을 연출로 보여주었다. 땅의 물에서 연출내용은 '현대 한국인들은 어떻게 물을 사용하는가?'였다.[362] 그 기법은 맑은 한강물 만들기 조형술 및 영상 등을 보여주었다. 바다의 물에서 연출내용은 '한국인이 지켜야 할 대표적인 환경자산은 무엇인가?'였다.[363] 그 기법은 철새의 비행 및 세계적으로 풍요한 서해안 갯벌을 빔프로젝션 기법을 통하여 영상으로 연출하는 것이었다. 한국문화와 산업홍보 마당에서는 한국의 문화, 자연, 산업과 환경기술, 2010년 해양엑스포를 영상으로 소개하고 한국의 첨단산업 문화유산을 그래픽으로 연출하였다. 우리나라 전시관 개관식은[364] 우리나라 전시관 출구 정면에서 대한무역투자진흥공사 사장, 주독일대사, 한인연합회회장, 2010년 세계박람회 사무총장, 하노버 교민회장, 엑스포 조직위 부위원장, 국제박람회기구부위원장 등 약 600명이 모인 가운데 거행되었다(5. 31. 12:30~오후 1:30). 식전행사로서 농악 및 사물놀이 공연이 있었다. 이어서 한국전시관 개관 선언, 대사 인사말, 사장 격려사, 하노버 부시장 환영사, 국제박람회기구부위원장 환영사, 테이프 커팅, 한국전시관 현황 브리핑, 전시관 순시, 무용공연 관람, 주영상 관람, 리셉션 및 감사패 전달 등 행사로 진행하였다. 동일 오후(5:20~11)에는 하노버 당국의 프로그램에 따라 제한된 인사만 초청하여 엑스포 호수에서 전야제 행사를 하는 데 3,000명이 초빙을 받았는데 우리나라도 대한무역투자진흥공사 사장, 관장, 대사, 2010년 세계박람회 사무총장 등이 참석할 수 있는 영광을 가졌다. 여기에는 독일 대통령, 수상, 브라질 대통령 등도 참석하였던 것이다. 한국의 날(2000. 7. 17)에는[365] 엑스포 박람회장 및 우

---

361) 위의 보고서, p.45.
362) 위의 보고서, p.45.
363) 위의 보고서, p.45.
364) 위의 보고서, pp.81~82.
365) 위의 보고서, p.88.

그림 106. 하노버 엑스포 시 한국전시관(대 20 31)

그림 107. 하노버 엑스포 시 한국의 날 행사
(대 20 62)

그림 108. 2010년 엑스포 유치활동
(대 20 67)

그림 109. 2010년 엑스포 유치활동
(대 20 67)

그림 110. 하노버 엑스포 시 한국의 날 행사
(대 20 62)

리나라 전시관에서 산업자원부 오영교 차관, 엑스포 조직위원장 브레우엘 (Mr. Birgit Breuel)이 참석하였다(10. 30∼2. 30). 개관 이후 2010년 엑스포 유치활동 관련 인사들의 방문이 그 어느 때보다도 눈에 띄었던 것이 하노버 엑스포가 다른 엑스포보다 다른 점이 그러하다. 2010년 엑스포 유치위원회 사절단(9. 5. 총 5명), 2010년 유치위원회 위원장 정몽구, 사무총장 이경우(9. 30. 총 10명), 전라남도 2010년 세계 박람회유치지원단 김동현 도의원(10. 16∼10. 17), 여수시 유치위원회 박인규 단장(10. 28∼10. 30)이 그러한 분들이다.[366]

---

366) 위의 보고서, p.90.

28. 21세기의 엑스포

1) 2005년 일본 국제박람회

그림 111. 1867 파리 세계박람회 일본 출품원들(W)

일본은 1851년 런던 세계박람회에 출품의 뜻은 있었으나 출품을 하지 않고 있다가 1862년 런던 세계박람회에 처음으로 출품하기 시작하였다. 그러나 전시관을 갖고 출품을 하기는 1867년 파리 세계박람회부터이다. 이후 세계박람회는 일본 산업 발달에 중요한 구실을 하였다. 1877년 박람회 때에는 일본의 진상을 보여주려 하였으나 큰 효과를 거두지 못하였다. 1912년 박람회 때에는 명치천황의 죽음으로, 1940년 세계박람회 때는 제2차 대전으로 출품을 하지 않았다.367) 1964년 도쿄 하계 올림픽 개최의 여력으로 1965년 여름 국제박람회기구로부터 오사카 엑스포 개최 건을 따냈다. 그래서 제2차 대전 후 세계적으로 대박람회를 치르는 3번째의 대국이 되었고, 아시아권에서 처음으로 박람회를 주최하였으며 국제박람회기구가 4번에 걸쳐 1937 파리 세계박람회, 1958 브뤼셀 세계박람회, 1967 몬트리올 세계박람회, 전문박람회(1962 시애틀 세계박람회, 1968 샌안토니오 세계박람회) 때 특별 지원을 하였다. 1975~76 오키나와 해양박람회와 1985 츠쿠바 엑스포를 개최하여 아시아권 국가 중에는 세계박람회와 가장 깊은 인연을 맺었다.

2005년 일본 국제박람회(The 2005 World Exposition, Aich, Japan)는[368] 나고야(名古屋) 동쪽에서 20㎞ 떨어진 아이치 현(愛知 縣)에서 총공사비 1,900억 엔을 들여 도요타 쇼이치로 회장(豊田章一郎)의 지도하에 '자연의 예지'(Nature's Wisdom)를 주제로 하고 ① '우주, 생명과 정보'(Nature's Matrix) ② '인생의 예술과 지혜'(The Art of Life) ③ '순환형 사회'(Development for Eco-Communities)를 부주제로 내걸고 2005년 3월 25일부터 9월 25일까지 185일간 세계박람회를 개최하였다. 박람회장은 나가구테(長久手町) 도요타 시(豊田市) 세토 시(瀨戶市)로서 173만㎡(약 52만 평)에 121개국 5개 국제기구가 참여하였고, 예상 관람인 수 1,500만 명보다 더 많은 22,049,544명이 입장하였다. 아이치 세계박람회는 21세기에 치른 최초의 등록박람회라는 데 그 의미가 깊다. 또한 21세기 발전을 위하여 잘된 점과 잘못된 점을 평가하여 이것을 다음의 박람회에 넘겨주어야 할 책무를 띠고 행하였던 박람회라는 데도 의미가 깊다.[369]

---

367) 14장 아시아에서 처음 열렸던 오사카 엑스포 참조.

368) 줄여서 '아이치 만박(愛知縣 아이치 엑스포)'이라 하며 애칭은 '사랑. 지구박(愛. 地球)'이라고 한다.

369) 이민식, 『개화기의 한국과 미국 관계』(파주: 한국학술정보(주), 2009), pp.402~404.

> Global Common 1

> Corporate Pavilion Zone   > Central Zone

> Global Common 6

> Interactive Fun Zone

> Seto Area

> Global Common 2

> Japan Zone

> Global Common 5

> Global Loop

Nagakute Area

> Global Common 3

> Global Common 4

> Forest Experience Zone

그림 112. 2005 아이치 세계박람회장. Global Common 1에 한국관 위치
http://www.expo2005.or.jp/en/venue/index.html

그림 113. 2005 아이치 세계박람회 한국관
http://www.expo2005.or.jp/en/nations/1j.html

2) 2008 사라고사 엑스포

2008 사라고사 엑스포(The 2008 World Exposition Zaragoza, Spain)는 그리스 데살로니가, 이태리 트리에스트와의 유치 경쟁에서 국제박람회기구의 승인을 받아 2008년 6월 14일에서 9월 14일까지 93일간 스페인 사라고사에서 140만㎡의 넓이에서 에밀리오 페르난데스(Mr. Emilio Fernandez-Castaño) 엑스포 조직위원장의 지도하 104개국, 국제기구와 NGO 단체가 참가하여 '물과 지속 가능한 개발'(Water and Sustainable Development)을 주제로 내걸고 문을 연 인정박람회이다. 예상 관람인 600만 명(일일 평균 65,000명)으로 잡고 연 박람회이다.

한국관은 관장이 Kotra의 최용태이며 Ronda 3 Pavilion에 위치하고 있었다. 면적은 1,200㎡(지상층)로서 주제는 '물과의 대화'(Dialogue with Water), 부주제는 '자연과 인간 간의 공감'(Sympathy of Nature and Human-Being)이었다. 한국관은 환영의 장, 영상관, 전시코너(투영하는 물), 디지털 갤러리, 여수엑스포 홍보관, 기획전시코너로 구성되어 있었다. 한국의 날(7월 16일)에는 특별공연으로 '한국의 멋과 춤', 기념공연으로 '천지인'을 공연하였다.[370]

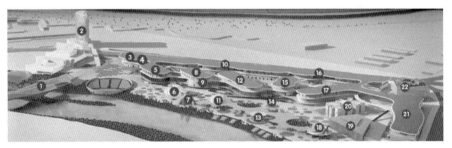

그림 114. 각국 전시관의 위치, 한국관-16에 위치
http://www.expozaragoza2008.es/Therecint/Pavilions/seccion=677&idioma=en_GB.do

---

370) 이민식, 위의 책, pp.405~406.

그림 115. 2008 사라고사 엑스포 전경(w)

그림 116. 사라고사 한국관 전경(주간)
http://www.koreapavilion.or.kr/zep/kopavilion/view.jsp?left_menu_gbn=2

3) 2010 상하이 세계박람회(中國2010上海世博會)

중국은 1851년 세계 최초 박람회인 런던 세계박람회에 처음으로 출품하기 시작하였다. 그러나 주최국이 되기는 2010 상하이 박람회가 처음이다.

그림 117. 1851 런던 세계박람회 시 중국관
(EM-Links-The Great Exposition of the Industry of
All Nation, 1851-Enter-The Displays-Plate 15)

상하이 세계박람회는 등록박람회이다. 중국은 2008년 올림픽을 성공리에 끝낸 나라로서 또 하나의 세계대행사인 박람회를 열어 위력을 과시하는 나라가 되었다.

중국은 상하이 세계박람회를 준비하면서 중국에서 여는 박람회로서는 처음으로 여는 박람회이다. 그러나 사실 중국은 이미 1910년 난징에서 중국의 국가 박람회를 연 경험을 갖고 있다.

난징 세계박람회는 1908년 12월 5일 추진하기 시작하여 1909년 7월부터 전시관 공사를 시작하여 양쯔 강변 난징 철도역 부근에 90~100acres 전시장 위에 14개국 78개 기업이 참가하여 1910년 6월 5일 개막식을 연 박람회이다.

난징 세계박람회에 대하여 세계박람회임이 분명한 것은 Michael R. Godey가 '1910 중국이 주관한 세계박람회'(China's World's fair of 1910), John Finding과 Kimberly Pelle도 '중국이 주관한 최초의 세계박람회'(China's First World's Fair)이라고 하였으며, American Review of Review에서도 마찬가지로 '중국이 주관한 최초의 세계박람회'(China's First World's Fair)라고 하였지만 중국의 국가 박람회이다.

그림 118. 상하이 세계박람회 한국관
출처: 2010 상하이 세계박람회 홈페이지
(2010. 4. 28)

그림 119. 상하이 세계박람회 지도
출처: 2010 상하이 세계박람회 홈페이지
(2010. 4. 28)

2010 상하이 세계박람회는 黃浦江(Huangpu River) 양안의 浦東(Pudong)과 浦西(Puxi)에 총면적 5.28㎢ 위에 2010년 5월 1일부터 10월 31일까지 '더 좋은 도시, 더 좋은 삶'(Better City, Better Life)을 주제로 내걸고 192개국이 참가하는 등록박람회를 2010년 5월 21일 현재 개최하고 있다(Expo 2010 Shanghai China). 각국 전시관은 Zone A, B, C, D, E에 위치하고 있다. 관람자는 총 7천만 명으로 예상하고 있다. 우리나라는 2006년 12월 20일 93번째로 출품국으로 신청하였다. 북한은 처음으로 2007년 9월 10일 148번째 출품국으로 출품을 신청한 것이 특이하다. 우리나라는 '매력 있는 도시, 다채로운 생활'(Cool City, Colorful Life)을 주제로 내걸고 世博園區 A片區의 대지면적 6,160㎡에 건축면적 4,590㎡ 위에 3층 구조의 한국관을 짓고

주 전시관인 2층에는 문화, 기술, 인간, 문화의 4영역으로 나누어 전시할
계획이었으나 '조화로운 도시, 다채로운 생활'(Friendly City, Colorful life)로
주제를 바꾸고 6,000㎡의 한국관을 지어 5월 21일 현재 개관하고 있다.[371]

4) 2012 여수 세계박람회

① 개요

2008년 올림픽을 치른 뒤에 2010년 세계박람회(등록)는 상하이에서 열기
로 2002년 12월 3일 모나코에서 89개 회원국이 모인 132차 국제박람회기구
총회에서 승인하였다(Expo 2010 Shanghai China). 2010년 세계박람회에 우
리나라는 개최신청을 하여 유력한 개최 후보국이었으나 자리를 상하이에 넘
겨주고 말았다. 원래 2010년 세계박람회는 우리나라를 포함하여 6개국이 개
최신청서를 국제박람회기구에 내놓았다. 우리나라, 러시아, 중국, 아르헨티
나, 폴란드, 멕시코가 그러한 나라였다. 이 중에 아르헨티나는 국내 경제 사
정 악화로 신청을 포기하였다. 우리나라는 1996년 전라남도가 중앙정부에
유치를 건의한 후 '새로운 공동체를 위한 바다와 땅의 만남'(Sea and Land
for a New Community)을 제목으로 여수에서 열겠다고 하였다. 러시아는
'연합된 세계로 가는 이상적 방법, 자원과 기술'(Resources, Technology, Ideas
- Way to a United World)을 제목으로 모스크바에서 열겠다고 하였다. 중
국은 '더 좋은 삶, 더 좋은 도시'(Better Living, Better City)를 주제로 상하이
에서 열겠다고 하였다. 폴란드는 '문화, 과학, 매체'(Culture, Science, Medias)
를 제목으로 바르샤바에서 열겠다고 하였다. 멕시코는 멕시코시티에서 열겠
다고 하였다. 그러나 2002년 12월 3일 모나코에서 89개국 회원국이 모인
자리에서 한국은 유력한 개최 후보국이었으나 개최지가 상하이로 넘어가게
되었다.

유치활동 10년 만인 2007년 유치 경합을 벌였던 폴란드 브로와초프는 제
142차 총회에서 1차 투표에서 배제되고(여수:탕헤르:브로와초프=68:59:13)

---

371) 이민식, 위의 책, p.410.

그림 120. 2012 여수 세계박람회장 조감도
출처: 2012 여수 세계박람회 홈페이지(2010. 3. 1)

11월 27일 새벽 5시 50분(현지 시간 26일 밤 9시 50분) 프랑스 파리 컨벤션 센터 팔레 드 콩그레에서 열린 국제박람회기구 2차 결선투표에서 모로코의 탕헤르를 14표 차이로 누르고(여수:탕헤르=77:63) 2012 세계박람회 개최권을 획득하였다.[372] 1893년 처음 출품한 이래 '93 대전 엑스포에 이어 119년 만에 박람회 주최국이 되도록 되었다. 그래서 문을 열 장소는 전라남도 여수신항 및 덕충동 일원이다. 박람회장 25만㎡(7,563평)와 주변지역에 국가관, 크루즈터미널, 오동도, 엑스포역, 상징타워, 아쿠아리움, 엑스포홀, 수변공원, 엑스포 타운, 콘도 및 마리나 등을 포함한 시설을 짓는다.

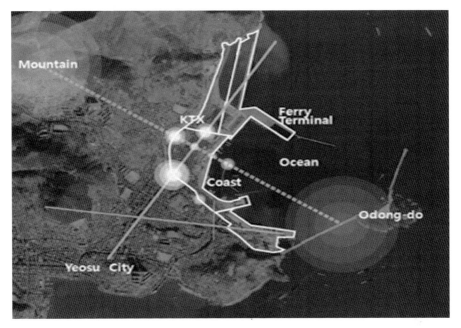

그림 121. 마스터플랜 – 여수세계박람회장 조성원칙
출처: 2012 여수 세계박람회 홈페이지(2010. 2. 8)

2012 여수 세계박람회는 '2012 여수엑스포' '2012 여수박람회'라고 약칭한다. 국문 공식 명칭은 '2012 여수 세계박람회', 영문 공식 명칭은 International

---

372) 「'여수 엑스포' 확정 순간 파리에 태극기 물결」『조선일보』 2007년 11월 28일 수요일 A15; http://yeosu.go.kr/site/Home/expo/e02/sub02/ 엑스포 – 여수세계박람회 – 유치경과 클릭: 세계박람회 사상 런던 세계박람회에서부터 108번째로 박람회를 열게 되었다. John E. Finding and Kimberly E. Pelle, *Historical Dictionary of World's Fairs and Expositions, 1851~1988*(Greenwood, Press, inc. 1990), pp.376~394; 「문답으로 풀어 보는 '여수박람회' Expo(세계박람회)란 무엇인가?」『여수인터넷뉴스』 2009년 6월 23일. 미국 30, 영국 14, 프랑스 12, 벨기에 7, 오스트레일리아 6, 스페인 6, 이태리 5, 일본 5, 스페인 5, 캐나다 2, 독일 2, 한국 1번 등등 열렸고 지금까지 105번 열렸다고 기술하고 있다. 사라고사, 상하이, 여수 박람회를 뺀 횟수이다.

Exposition Yeousu Korea 2012이며 단순 명칭은 Expo 2012 Yeousu Korea라고 한다(2012 여수 세계박람회 홈페이지 2010. 2. 8). 주제는 '살아 있는 바다, 숨 쉬는 연안'(자원의 다양성과 지속 가능한 활동)(The Living Ocean and Coast: Diversity of Resource and Sustainable Activities), 부주제는 '지속 가능한 해양환경'(Coast Development and Preservation), '현명한 해양의 이용'(New Resource Technology), '바다와 인간의 창조적인 만남'(Creative Maritime Activities)으로 내걸고 2012년 5월 12일부터 8월 12일까지 여는 인정 박람회이다.

마스코트는 붉은색은 바다와 육지에 서식하는 생명체를 상징, 그린색은 생명체들이 더불어 사는 환경을 상징, 푸른색은 맑고 깨끗한 해안을 상징한다.

조직위원회 측은 800만 명이 입장하리라고 예상하고 있으며 12조 3천억 원 생산 유발, 5조 7천억 원 부가가치 창출, 고용유발 7만 9천여 명의 기대효과가 있으리라고 예견하고 있다. 전남의 경우는 생산유발 5조 2천억 원, 부가가치 2조 4천억 원, 고용유발 3만 4천 명의 기대효과가 있으리라고 예견하고 있다(2012 여수 세계박람회 홈페이지 2010. 6. 20).

② 어떻게 하면 성공하는 2012 여수 세계박람회가 될까?

2012 여수 세계박람회가 열리는 2012년은 정치적으로 국내외적으로 굵직한 사건들이 유달리 많은 해이다. 국내는 대선을 치러야 하고, 미국도 대선을 치러야 하며, 중국은 후진타오 국가주석의 후계자를 결정하는 제18차 전국 인민대표자회의를 열며, 일본은 민주당의 집권 여부를 결정하며, 북한은 김일성 출생 100주년을 행사하는 해이다.

또 2012년은 어느 해보다도 세계적 행사가 많은 해이다. 월드컵을 뺀 런던 올림픽 대회(7월 27일~8월 12일)와 네덜란드의 벤로(Venlo)에서 세계박람회(Floriade 2012: 4월~10월)가 열리는 해이다. 특히 런던 올림픽 경기대회는 2005년 7월 6일 싱가포르에서 연 117차 국제 올림픽 조직위원회(IOC: International Olympic Committee)에서 후보도시 프랑스 파리를 제치고 런던이 개최권을 획득하여 제30차 올림픽 행사를 치르게 된다. 런던 올림픽은 런던 동쪽 Lower Lea Valley에 새로 Olympic Park를 조성하여 행사를 치르게 되는데, 주변에 그린니치 천문대, 런던탑, 웨스트민스터궁, 웸블리 스타디움 등등 세계적으로 알려진 사적지가 많이 있어 세계인의 이목을 끌기에 충분하다.

http://www.olympic.org/uk/news/olympic_news/full_story_uk.asp?id=1386

역사와 문화의 도시로서 제1회 런던 세계박람회가 열렸던 런던 또 풍차와 낙농업과 화훼로써 이름난 네덜란드 벤로(Venlo)에서 국제박람회기구가 승인하는 A-1 세계박람회(Florade 2012)에 세계인의 눈길이 집중된다.

여수 박람회가 세계인의 이목에 얽매지 않고 역대 어느 박람회보다도 수월성과 차별성 있는 준비에 만전을 기하여야 할 것이며, 여수가 벤로나 런던만큼 지명도가 낮은 것은 사실이기 때문에 홍보가 성패의 지름길이기에 당국의 환골탈태하는 모습을 보고 싶은데 필자의 지나친 욕심일까?

이 같은 국내외적 환경하에서 이를 극복하고 2012 여수 세계박람회가 지금까지 세계 사상(世界 史上) 가장 독보적으로 성공한 박람회로 역사에 남기려면 어떻게 하여야 할까?

첫째는 2012 여수 세계박람회가 안고 있는 약점을 극복하는 것이 선결문제이다. 약점이란 여수시가 갖고 있는 국제적 지명도와 국내 및 중국, 일본 등과 연계되는 교통 관련 문제이다. 예를 들면 런던 하면 런던탑을 얼른 연상할 수 있듯이 여수라는 말만 들어도 세계적으로 유명한 것들이 무엇인가를 머리에 얼른 떠올릴 수 있는 명품 도시가 되어야 박람회는 성공한다. 명품도시를 만든다고 하여 번갯불에 콩을 구워 볶아 먹듯이 갑자기 큰 길을 닦고 큰 건물을 세워 손님을 맞이한다고 하여 명품 도시가 되는 것은 아니다. 여수에 와 보니 자국(自國)에서 흔하게 본 건물이나 시설과는 차별화된 도시 풍경을 찾아볼 수가 없다면 박람회 관람자는 관람하려고 온 자신에 대하여 후회를 한다. 명품도시는 역사와 문화가 어우러져야 명품도시가 된다.

2012 여수 세계박람회에 관람하려고 우리나라에 오는 사람들은 우선 서울에 와서 여수로 가는 사람이 많을 것이며, 박람회 관람을 끝낸 사람들은 다시 발을 이웃 중국이나 일본 등지로 가서 관광을 끝내고 자국으로 귀국한다. 서울에서 여수까지 교통여건과 서울 또는 여수에서의 관광할 인근국까지의 교통 여건이 박람회 성공을 좌우한다.

두 번째는 2012 여수 세계박람회에서 한국인은 '아름다운 품성'을 갖고 있다는 것을 관람자들에게 보여줄 수 있어야 성공을 한다. 정치가들이 모이기만 하면 싸움만 하는 나라, 노동자는 일을 안 하고 '돈'을 달라고 데모만 하는 나라, 남북 분단은 고사하고 동서 갈등이 지방색을 만드는 나라, 빈부의 격차가 심하고 이념 논쟁을 일삼고 있는 나라…… 등등 한국에 대한 부정적 이미지가 세계인의 머리에 박혀 있으면 박람회는 성공할 수 없다. 남녀노소가 복장이 단정하고 예의 바르고 친절하며 인정이 넘쳐흘러 외국인에게 잊을 수 없는 품위를 보여줄 때 박람회는 성공한다.

세 번째는 국민을 상대로 한 2012세계박람회에 대한 교양 또는 연수교육이 박람회 성공 여부를 좌우한다. 국민들이란 여수시의 일반시민, 택시 기사를 비롯한 운수업 종사자, 숙박업소 관련자, 호텔 관련 종사자, 콘도미니엄 관련자, 시장상인, 음식업 종사자, 조직위원회 관련 임직원, 각국어 통역관, 초·중학교 교사, 공무원, 승려 목사 등 종교계 지도자, 대학교수, 향토사학자, 복지사, 초·중·고 및 대학생, 건축 및 토목 관련 종사원, 일반 및 특수 기술 종사자, 자원봉사자, 홍보원 등등이다. 교육의 목적은 세계박람회에 대한 지식을 함유케 함으로써 박람회 준비와 과정을 원활케 하여 성공하는 박람회를 성공의 길로 이끌게 하는 데 있다. 외국인이든 내국인이든 박람회에 대하여 모르는 점을 물어 보면 자신 있게 명료한 답변을 할 수 있을 때 박람회 관람에 대한 보람을 느끼고 여수에 온 것을 후회하지 않는다. 물어보았을 때 "몰라요."라는 답을 그들에게 들려준다면 그들은 여수에 대하여 어떤 이미지를 갖고 귀가(歸家)하거나 귀국(歸國)을 하겠는가? 아찔한 생각이 들지 않는가?

네 번째는 2012 여수 세계박람회는 박람회를 통하여 우리나라가 선진국

대열에 설 수 있을 뿐만 아니라 경제적 효과가 극대화가 될 가망성이 있어야 박람회는 성공한다.

2012 여수 세계박람회는 '2012 여수엑스포', '2012 여수박람회'라고도 약칭한다.

①개요에서 이미 서술한 것처럼 박람회의 주제는 '살아 있는 바다, 숨 쉬는 연안'이며, 부제는 '연안의 개발과 보존', '새로운 자원기술', '창조적인 해양 기술'이다. 전시장 넓이는 25㏊(25만㎡ = 약 7만 6천 평)이며 그 외 전시장 주변에 부대시설을 하여 행사를 치를 계획이다. 이 중에 핵심적인 시설은 전시장 시설이다. 각국 전시장은 주최 측에서 지어서 임대를 한다. 2012년 5월 12일부터 8월 12일까지 3개월간 박람회가 열린다.

조직위원회 측은 800만 명이 입장하리라고 예상하고 있다. 또한 12조 3,000억 원 생산유발, 7만 9천 명 고용 창출, 5조 7천억 원 부가 창출의 효과 등이 있으리라고 예견하고 있다(2009년 4월 10일 현재).

이 예견대로라면 2012 여수 세계박람회는 성공할 수 있는 박람회이다. 여수를 비롯한 주변지역은 푸른 저탄소 친환경 지역으로 탈바꿈하고 남해는 청정한 바다가 되어 여수는 아시아의 나폴리가 된다. 특히 실업을 구제하고 청년 실업문제가 해소될 수 있는 반가운 소식이 대학생들에게 날아 들어갈 수 있다.

다섯 번째는 효율성 있는 사후관리가 예견되는 박람회라야 박람회는 성공한다. 2012 여수 세계박람회는 사후에도 주제를 살리고 ECOPOLIS (Economy 경제 + Cology 환경 + Ocean 대양)의 지속적 구현하에서 해양연구기관을 유치하고 동아시아의 관광 중심지로 활용하며 해양문화와 역사의 체험장 및 여가 레포츠장으로 시설을 활용한다는 계획을 갖고 있다. 이대로만 된다면 사후문제에 대한 기대가 박람회 활성화의 기폭제가 되리라고 예견된다. 특히 관심이 가져지는 것은 지속적 일자리 창출이 가능하다는 데 있다.

우리나라는 '93대전 엑스포에 이어 주최국으로서 세계박람회를 치르는 나라이다. '93대전 엑스포와 같이 2012여수엑스포도 인정박람회이다. 이 박람회를 통하여 한국의 위명이 88올림픽처럼 세계에 알려져 선진 한국이 되기를 진심으로 기대하여 본다.

③ 여수 문화 알리기와 성공하는 박람회

＊ 하멜과 여수문화의 인연

성공하는 박람회가 되려면 여수문화를 개발하고 이것을 외국에 널리 알려야 한다. 예를 들면 네덜란드인 하멜의 여수 도착과 탈출에 여수와 얽힌 문화를 개발하고 이를 홍보하는 것이다.

하멜은 네덜란드 텍셀에서 자바 바타비아에 온 후 스페로우호크호를 승선하고 대만을 지나 나가사키로 가던 중 제주도 부근에서 조난을 당하였다. 그래서 64명의 선원 중 36명이 목숨을 건져 대정현 모슬포 부근에 표착하였다. 하멜 일행은 사망자를 해안에 묻고 한국군에 잡혀 1653년 8월 21일 대정에 도착하였다. 당시 우리나라는 효종이 북벌정치를 할 때였다. 우리나라는 어느 때보다도 군사기술이 필요하였다. 그래서 하멜 일행은 서울로 압송되어 대포도 제작하고 총을 메고 왕을 호위하기도 하였다.

1654년 청나라 사신이 서울에 도착하였다. 이때 하멜 일행 중에 청나라 사신에게 달려들어 탈출을 도와달라고 애원하였으나 실패하였다. 이로 인하여 하멜 일행은 전라도로 유배를 가게 되었다. 전라도 병영(大倉＝지금 작천, Gari Ladyard, p.65, 153)에 끌려와 유배생활을 하였다. 당시 우리나라는 흉년으로 사람들이 기근에 허덕이고 있었다. 1663년 하멜 일행은 겨우 22명이 살아남아 있었다. 그래서 하멜 일행은 순천 남원 좌수영에 분산 수용되었다. 남원 일행 중에는 한국여자와 결혼한 사람도 있었다. 그중의 한 사람은 Dort인 Claeszen이다. 이때 표류인 Eibokken이 조선여자와 결혼한 사실을 증언하였다. 전 전주 장로교 선교사 Paul Crane은 남원과 순천에서 푸른 눈과 붉은 머리카락을 한 사람을 보았는데 표류인의 후손이라고 하였다. 그러나 유전학적 증명을 하지 않은 이상 확언하기는 힘이 든다. 그들은 신앙하였던 개신교도 버리고 조선에서 살겠다고 하였다. 하멜 일행은 순천행 일행과 같이 병영에서 오다가 그들은 순천에서 수용되고 하멜 일행은 좌수영에 수용되었다. 당시 좌수영은 내래포(內來浦), 즉 지금 여수에 위치하고 있었다. 좌수영에서는 하멜 일행에게 3일간의 여행 기간을 주곤 하였다. 그래서 그들은 순천 남원에 여행가기도 하고 인근 사찰에도 가 보았다.

당시 좌수영 수사는 이도빈(李道彬)이었다. 그는 하멜 일행에게 후한 대접을 하였다. 그러나 후임자인 이민발(李敏發) 정영 등은 그러지 못하였다. 하멜은 한국인과 친구로 사귀기도 하였다. 하멜은 한국인 친구로부터 배 1척을 매입하는 데 성공하였다. 하멜은 순천에서 온 네덜란드인도 동행키로 밀의하여 좌수영 거주자 5명, 순천 거주자 3명 도합 8명이 배를 타고 1666년 9월 4일 정영의 눈을 피하여 좌수영을 탈출하는 데 성공하였다. 하멜 일행은 1668년 7월 20일 모국에 도착하였다. 그들의 억류 기간은 13년간이었다.

하멜은 자국에 돌아가 『하멜 표류기 및 부록 조선국기』를 1668년 암스테르담과 로테르담에서 출간하였다. 이 기록은 서구인으로서 한국에 대하여 쓴 처음의 기록이다. 그래서 하멜이 살았으며 탈출한 여수가 서구인에게 처음으로 알려지게 되었다.

하멜 및 관련 흔적은 여러 가지가 알려지고 있다. 1886년 서울에서 네덜란드 도자기가 발견되었다고 J. Scott가 논문 Stray Notes on Corean History, exc.에서 기술한 바 있다(Gari Ladyard, p.157). 그러나 Ledyard는 중국배를 타고 조난을 당한 벨트브레가 도자기를 갖고 도착할 형편이 못 된다고 반론을 폈다. 네덜란드에는 20세기 **초** 하멜 이름이 붙은 도로가 있었는데 지금도 존재(Wikipedia – Hendrick Hamel)하고 있다고 한다. 하멜보다 먼저 조선에 온 벨트브레는 조선여자와 결혼하여 낳은 아들 1명과 딸 1명이 있었으므로 그 후손이 있을 것같이 짐작은 되나 그 존재는 알 길이 없다. 제주도에는 한국국제문화협회와 주네덜란드 대사관이 서귀포시 안덕면 사계리 용머리해안에 1980년 4월 1일 '하멜표착 기념관'을 세우고 기념비, 동상, 상선을 전시하고 있으며 국립 제주 박물관에는 하멜문서를 소장하고 있다. 네덜란드 Gorinchem(호린햄: Grocum)에서는 Common State Archives in the Hague에서 『하멜표류기』 원본이 소장되어 있다. 여수 해양공원, 강진 병영면에는 하멜의 동상이 서 있다. 특히 여수에는 하멜을 기념하기 위한 하멜등대가 서 있다. 국제로타리클럽이 추진한 기념사업과 연계하여 종화동에 2004년 12월 23일 등대를 건립하였다.

이같이 여수를 서양에 처음 소개한 하멜의 온기가 흐르고 있는 여수에서 2012 여수 세계박람회를 연다는 것은 그 역사적 의미가 대단히 크다고 말할 수 있다.

* 여수 어선 처음 탄 서양사람 하멜 일행

하멜은 제주도 모슬포에 1653년 표착하여 대정에 상륙한 그는 제주도에서 영암, 나주, 장성, 태인, 청주, 영산, 공주를 거쳐 서울에 압송되었다. 그러나 일행 중 탈출을 기도하려는 사람이 있어 서울에서 공주, 영산, 청주, 태인, 장성, 나주, 영암 병영까지 압송되어 와서 여기에서 남원(Namman)에 5명, 순천(Sunischien)에 5명, 여수 좌수영(Saijsian)에 12명이 분산 수용되어 하멜은 좌수영에 구금되었다.

하멜은 일행과 같이 병영에서 7년간 살았는데, 1660년, 1661년, 1662년 심

그림 123. 여수에서 만든 하멜의 배(8명 승선)
출처: Gari Ladyard, *The Dutch Come to Korea*(Royal Asiatic Society, Korea, 1984), p.78.

한 가뭄 때문에 1663년 분산 수용되어 1666년까지 하멜은 좌수영에서 살았던 것이다. 하멜은 좌수영에서 3년을 산 셈이다. 하멜은 수사 정영의 학정에 견디지 못하여 탈출준비를 하면서, 한국인과 사귀어 그동안 구걸하여 모은 돈으로 면화를 사기 위하여 배가 필요하다고 핑계를 대고 2배의 배 값을 치르고 어선을 매입하였다. 하멜은 이 어선 외에도 2척의 배를 갖고 있었으나 사람들이 타고 탈출하기에는 부적합한 배였다. 3번째로 매입한 배는 어선으로 당시 생존하고 있었던 일행들이 다 타기에는 무리한 배였다Gari Ladyard, p.143). 그래서 순천에 살고 있는 일행은 탈출의사가 없었고, 순천에서 온 2명과 순천으로 가서 데리고 온 1명과 좌수영에 있는 5명이 탈출하기로 하였다. 도합 탈출자 예정자 8명 잔류예정자는 8명이었다(다음 표 참고).

이름	나이	직분	출신지	탈출 및 잔류지
Hendrick Hamel	36	서기→여수호 선장	Gorcum	탈출
Govert Denijszen	47	조타원	로테르담	탈출
Matteus Ibocken	32	외과의	Encluysen	탈출
Jan Pieterszen	36	gunner	Vries in Frizeland	탈출
Gerrit Janszen	32	gunner	로테르담	탈출
Cornelis Dirckse	31	선원	암스테르담, 로덴함	탈출
Benedictus Clercq	27	소년	로테르담	탈출
Denijs Govertszen	25	소년	로테르담	탈출
Johannis Lampen	36	도움이	암스테르담	남원 잔류
Hendrick Cornelisse	37	선원	Vreelandt	남원 잔류
Jan Claeszen(남원 거주자)	49	조리사	Dort	남원 잔류
Jacob Janse	47	조타수	노르웨이	좌수영(Saysiano) 잔류
Anthoniz Ulderic	27	gunner	Embden	좌수영 잔류
Sandert Basket	41	gunner	스코틀랜드	순천 잔류
Jan Janse Spelt	35	갑판장	암스테르담	순천 잔류
Claes Arentszen(좌수영 거주자)	27	소년	Ost-Voren	좌수영 잔류

1666년 9월 4일 탈출일로 정하였다.

그리피스의 영역본(Transactions of the Korean Branch of the Royal Asiatic Society Vol. Ⅸ, 1918, pp.124~125)에 의하면 하멜 일행의 탈출 장면은 다음과 같다.

9월 4일 탈출하기로 약속하였다. 달이 지자 경계심을 늦추지 않으면서 좌수영 성(城)을 기어 넘어가 쌀, 물통, 프라이팬, 대포 등을 배에 싣고 사정거리에 있는 작은 섬 오동도로 가서 거기에서 통 속에 맑은 물을 넣었다. 사방은 적막이 흐르고 우리들은 여수만의 여수 소속 배들을 지나 좌수영 소속 병선을 지났다. 미풍이 그치고 조용하여 하느님이 도와주사 돛대를 바로 세울 수가 있었다.

9월 5일 아침 여수만을 거의 빠져나왔다. 한국인 어부 한 사람이 우리를 보고 소리를 질렀으나 우리들은 아무런 대꾸를 하지 않았다. 그 한국인은 우리들을 좌수영에 신고하지 않아 아무런 일이 없었다. 정오쯤 우리들은 노와 돛을 내리고 진수하였으나 아무 일도 일어나지 않았다. 한밤중 날씨는 더욱 좋아 돛을 올리고 동남방향으로 진수하였다. 아직도 한국 땅은 벗어나지 못한 지점이었다. 물결이 잔잔하여 밤새도록 항해가 가능하였다. 9월 6일 아침 처음으로 일본 섬에 가까이 왔다는 것을 알았다.

그들은 9월 4일 저녁 좌수영 성을 몰래 넘어 미리 준비한 네덜란드 국기와 물건을 배에 옮겨 오동도로 가서 통에 물을 넣어 여수만을 빠져나와 9월 6일 일본의 한 섬 가까이 와서 우리나라를 탈출하는 데 성공하였던 것을 알 수 있었다. 6일 일본 군도(群島)를 지나며 항해를 계속하였으나 7일 역풍(逆風)을 만나 떠나지 못하고 고토 섬의 만(灣)에 정박 중 일본배를 만났다. 네덜란드 국기를 흔들면서 "홀란드! 나가사키!"(Holland Nangasaki!)라고 소리를 질렀다(Gari Ledyard, p.79). 이때의 그림에는 일본 배를 향하여 국기를 흔들며 소리 지르는 모습이 선명히 보인다(Gari Ledyard, p.81). 탈출인들은 9월 14일 나가사키에 하륙하였으며 나가사키 당국(奉行)의 친절한 배려로 12월 28일 나가사키를 떠났다. 1668년 7월 20일 암스테르담에 도착하였다. 그는 동인도회사에 밀린 봉급을 타기 위하여 쓴 보고서를 1668년 암스테르담과 로테르담 두 곳에서 간행하였다. 1704년 Churchil이 처음으로 영역하였으며 William Elliot Griffis가 재편집 영역본(Corea, Without and Within: Chapters on Corean History, Manners and Relation wth Hendrick Hamel's Narrative of Captivity and Travels in Corea, Annotated)을 내놓았고 1918년 Monk Napier Trollope가 영역본(An Account Shipwreck of a Dutch Vessel on the Coast of the Isle of Quelpaert, together with the Description of the Kingdom of Corea)을 출간하였다. 1920년 B. Hoetink가 많은 원자료를 소개한 바 있었는데 Gari Ladyard가 이를 토대로 출간(The Dutch Come to Korea)하여 믿을 수 있는 영역본이 나와 있다(Gari Ladyard, p.12). 불어판은 1670년 Minutori가 처음 내놓았다.

하멜이 타고 간 17세기 여수 어선! 당시 해안에서 고기잡이하는 흔히 볼 수 있는 작은 배이다. 하멜의 표류일기에 그려진 이 어선을 본 당시 네덜란드인들은 한국 어선 중에서 17세기 여수 어선을 본 것이다.

조선에 잔류하였던 8명은 요리기술자이기도 하였던 Jan Claeszen 같은 이는 조선에 남아 살기를 바랐다. 8명 중 1명이 사망하고 나머지 7명은 쓰시마 도주의 요청으로 남원에 집결시켜 옷, 쌀, 코트, 마(麻) 등을 주고 동래로 보내져 1668년 7월 중순 동래에서 나가사키로 떠났으나 풍랑을 만나 겨우 9월 16일 나가사키에 도착하였다. 하멜이 탈출한 지 2년 만에 조선을 떠날 수 있게 된 것이다. 그들은 1668년 10월 나가사키를 떠나 1669년 네덜란드에 도착하였다.

하멜 표류기 원서명 – 1668년 암스테르담 2판 단행본

Journael van de ongeluckighie Voyagie van't Jacht de Sperwer van Batavia gedestineert na Tayowan in't Jaer 1653 en van daer op Japan: hoe't selve Jacht door storm op het Quelpaerts Eylandtis gestrant en de van 64 personen maer 36, behouden aen het voornoempe Eylant by de Wildenzijn gelant; Hoe de selve Maets door de Wilden daer van daen naer het Coninckrijck Coeree zijn vervoert by haer genaemt Tyocen – koeck, Hendrick Hamel van Gorcum, Amsterdam, 1668.

1668년 로테르담 2판 단행본

A – Journael van de ongeluckighe Voyagie etc.

B – Journael van de ongeluckighe Reyse etc.

Tot Rotterdam 1668

* 여수의 명도 오동도

성공하는 박람회가 되려면 여수문화를 개발하고 이를 홍보하여야 할 곳은 오동도를 빼놓을 수가 없다.

Belcher는 매력적인 탐험을 하기 위하여 1845년 7월 18일 북쪽으로 진수하여 여수 오동도에 왔다. 그는 여기서 10mile 지점에 한반도가 자리 잡고 있으며 지방관이 있어 대화를 나눌 수 있는 곳이 있으리라고 추측하였다. 그래서 4일간 여수 해역을 탐측하였으나 아무런 성과를 거두지 못하였다. 다만 여수에는 강들이나 염전이 있으리라고 추정하고 오동도로 돌아왔다. Belcher는 오동도의 촌장들로부터 다도해 섬에 대한 정보를 얻어들었다. 또한 병사들이 와서 심문을 할 것이라고 알려 주었다. 오동도에서 중국까지는 12일이나 걸린다는 정보도 얻어들었다.

그림 124. 오동도 촌장

오동도는 요새지나 바람막이처럼 암석이 있는데 화강암이나 현무암들로 바위에는 나무나 식물이 없어 식물이 자라는 푸른 다른 부분과 구분이 되고 있다는 것을 보았다. Belcher는 사마랑호가 정박하고 있는 오동도의 바위를

Abbey Peak라고 명명하였다. 서쪽에 현무암이 기둥처럼 서 있고 북쪽과 남쪽에는 석반 속의 식물, 참나리, 난초, 디키탈라스풀 등 각종 화려한 식물이 자라고 있는 것을 보았다.

오동도 주민들의 어선은 보잘것없었고, 영국제 갈고리, 칼, 가위, 바늘을 주었으나 그 용도를 몰랐으며 어른들의 꾸중을 들을까 봐 겁이 나서 받지를 않았다. 그들은 향기로운 술을 담그기는 하는데 병에 그냥 넣어 두었다. Belcher는 탐측 행위를 하거나 섬에 올라오거나 하면 촌장이나 친구들에게 알리곤 하는데 탐측 자체를 주민들이 싫어하였다.

Belcher는 34′ 40‘ N., 작은 만으로 들어가 정박하였다.

그는 식량이 모자라 제주도 코스로 되돌아가야 했다. 1,200피트 산정에서 주민들과 송회(送會)를 베풀었다. Belcher는 중국인 통역관을 통하여 촌장이 자기를 기다리고 있다는 전갈을 받았지만 부하들을 그 송회에 보내 나가사키로 간다는 편지를 촌장에게 전달하여 주었다. 그리고 망원경과 모자를 선물로 주었다. 그 선물들은 왕(헌종)에게 바칠 것이라고 하였다. 주민들은 가축이 뺏길까 봐 겁을 먹고 가축우리로 가축을 몰아넣었다. 돛대의 활대로 쓰기 위하여 소나무를 베었더니 노인이 와서 재산으로 생각하고 나무를 껴안았다.

그림 125. 오동도 사람들과 서양인의 송별 연회

④ 관광명소 여수 - 거문도

성공하는 박람회가 되려면 여수문화를 개발하고 이를 홍보하는 데는 거문도를 빼놓을 수가 없다.

거문도는 여수시 삼산면 거문리에 위치하고 있는 섬이다. 옛 명칭은 삼도, 삼산도, 거마도라고 하였는데 개화기에 와서 중국의 정여창이 섬에 학문이 뛰어난 사람이 많다고 하여 거문도라고 칭하였다. 거문도는 東島, 西島, 高島로 구성되어 있는데 가장 큰 섬이 동도이고 가장 작은 섬이 고도이다. 3섬이 거문도항을 둘러싸고 있다. 여수와 제주도 중간지점에 위치하고 있다.

일찍 1857년 러시아 부제독 Yevfirmy Putiatin이 여러 번 거문도를 방문한 적이 있었다.

아편전쟁에서 중국을 이긴 영국은 중국해안 및 인접 해안을 탐측하였다. 이 임무를 맡은 사람이 Samarang호 선장 Edward Belcher였다. 그는 1845년 6월 제주도에 도착하여 한라산 정상을 Auckland라고 명명하였다. Belcher는 7월 16일 거문도에 도착하였다. 그는 거문도 사람들과 접촉하여 보니 양순한 사람들이라는 것을 알았다. Belcher는 거문도를 당시 해군장관 W. A. Hamilton의 이름을 따서 Port Hamilton이라고 명명하였다. 이후 서양인들은 거문도를 Port Hamilton이라고 불렀다.

거문도는 위치가 아프가니스탄에서 러시아와 대립하고 있었던 영국의 대중정책의 전초기지인 홍콩과 러시아 남하정책의 기지인 블라디보스토크와의 중간지점에 위치하고 있었다. 그래서 러시아는 거문도를 중시하여 거문도를 러시아의 지브롤터라고 생각하였다. 이에 불안을 느낀 영국은 동양함대 휘하의 군함 6척과 수송선 2척을 몰고 와 거문도를 점령하였다. 거문도 점령은 침략행위였다. 그래서 우리나라는 중국의 중재를 받아 엄세영과 묄렌도르프를 거문도에 파견하여 심문하였으나 효과를 보지 못하고 일본으로 건너가 도웰 장군에게 거문도 점령을 항의하였다. 그래서 영국 수병은 점령 23개월 만에 거문도에서 물러갔다(1885년 4월 15일~1887년 2월 28일). 지금 거문도에는 당시의 흔적이 남아 있다. 고도에 폭발 사고로 숨진 영국인 수병 3명을 모신 화강암 묘비(왼쪽 편) 1기와 철수 후 수병을 모신 나무 십자가 묘비 1기 도합 2기가 당시를 증언하는 듯 남아 있다. 화강암 비석에는 7명이 죽었는데 1886년 6월 11일 일어난 폭발사고로 숨진 군함 클레오파트라호 소속 Thomas Oliver/28세, Henry Green/30세, 영왕실 소속병 Peter Ward의 이름만을 적어 놓고 있고, 나무 십자가 묘비는 1903년 10월 수병 Alexwood의 이름을 적어 놓고 있다. 한영수교 100주년을 맞아 주한영국대사관 한영협회 영국부인회가 1983년 기념안내문을 세워 두었다.

한말 서세동점기에 열강의 침략의 각축장이 되었던 거문도가 오늘날에는 다도해 해상국립공원의 으뜸 되는 관광지이다. 따라서 2012 여수 세계박람회를 위한 관광문화의 한 명소로 충분한 역할을 다할 것이라고 기대된다.

참고: Belcher, Samarang Port Hamilton(Narrative of the Voyage of H. M. S. Samarang, during the years······ Google Books Result)에 있는 1845년 거문도에 관한 기록이다. 다음은 원문이다.

On the 15th(7월임) we took a temporary leave of our friends at Quelpart, and steered a notherly course on our bonad fide voyage of discovery, into the Korean Archipelago······and this at 8 o'clock now the following(16일 아침임), was obtainded on an isolated reef, affording us, in addition to inmmmerable distant islets, the command of a very interesting group, distant about three miles; some of its islets, crowned
p.352 – with sharp peaks, rising to the height of two thousand feet, Having completed our work this reef, from which we and our instruments were nearly swept away by a sudden wave, we guitted, about 3 o'clocl and proceeded to the examination of this new group. It was found to be composed of three islands, two large and one small, deepling intended, and forming a most complete harbour within, as well as a very snug bay without, The ship was anchored to the outer bay of, and the day following(17일임) devoted to the survey of the island. The natives, which ocupied four distinct and exclusive villages were civil, and conducted one of my assistants to the summit of the heighest

peak. The necssary for expedition did not afford us time to observe more of these people than that their ocupation seemed to be soley fishing, and that they had a tolerable fleet of well-found substantial boats. There did not appear to be any military prisons amongst them, the elder of the village generally well marked by age and silver hair, appearing as the sole authority; they were all clad in home-spun grass cloth, but of very poor material. In compliment to the Secretary of the Admiralty, the harbour formed by this group received the name of Port Hamilton.

5) 2015 밀라노 세계박람회

그림 126. Milano 2015
http://www.bie-paris.org/main/index.php?lang=1

그림 127. *Still from Expo 2015 Milan Bid Video*(EM)

국제박람회기구 총회에서 이태리 Milano가 2008년 3월 31일 터키 Izmir를 누르고 세계박람회 개최권을 따냈다. 박람회 영국명칭은 Expo Milano 2015 – Italy이며, 주제는 Feeding the Planet, Energy for Life로서 2015년 5월 1일부터 10월 31일까지 문을 연다. 방문개은 2,900만 명을 예상하고 있다.[373]

6) 특수(전문)박람회

특수(전문) 박람회(Specialised Exhibition)는 국제박람회기구의 공인박람회이다. 네덜란드에서 개최하는 Floriade de 2000이나 독일의 IGA 2003 Rostock와 같은 원예박람회가 그러한 것이다.[374] 이 박람회는 국제 원예생산자협회의 인정을 받아 국제박람회기구가 개최를 결정한다.

그런데 일찍 1909년에 조직된 국제원예 전문연합이 전쟁으로 흐지부지하다가 1948년 스위스에서 원예생산자들이 모여 '국제원예생산자협회'(Association Internationale des Producteur de I'Horticulure, 약자 AIPH, 프랑스어: International Association of Horiticultural Producers 영어: Internationaler Verband des Erwerbsgartenbaues, 독어)를 결성하였다. 회원국 간의 화훼시장, 진열, 생산의 협조하자는 것이 그 목적이었다. 현재 회원국은 2000년 현재 25개국으로서 한국은 1998년(사무실 – 광주시 광산구 우산동 203 – 11, 회장 안홍근), 북한은 2006년 회원국으로 가입하였다. 국제원예생산협회가 정한 박람회의 빈도는 A – 1(3개월~6개월간 세계 단위), A – 2(최소 8일~20일간의 세계 단위), B – 1 (외국 참가자를 포함한 각 국가 단위의 긴 기간), B – 2(짧은 단위의 각 국가 단위)로 분류하였는데 다만 A – 1은 10년당 한 번 국제원예생산자협회의

---

373) 이민식, 위의 책, pp.420~421.

374) 우리나라가 '특수 박람회'라는 말은 '90 오사카국제꽃과 녹음박람회 출품 때부터 사용하였으며 특수 박람회는 세계박람회 원년인 런던 세계박람회에 뿌리를 두고 있음을 알 수 있다. 『'90 오사카국제꽃과녹음박람회』(농수산물유통공사, 1990), p.29. pp.7~9, p.11, pp.313~317. 특히 이 보고서 p.11에 '90 세계박람회의 일반사항 중 '성격'에 특수(전문)박람회의 정의에 대하여 "국제박람회 조약에 의한 전문박람회로서 동양에서 최초로 개최된 대국제원예박람회임"이라는 기술에서 등록(Registered Exhibition) 인정(Recognised Exhibition) 외에 또한 특수(전문: Specialised Exhibition) 박람회의 존재함을 알 수 있다. http://www.bie – paris.org/main/index.php?p=214&m2=227 국제박람회기구(2009년 현재) 홈페이지는 카테고리가 각각 다른 등록박람회 인정박람회 특수(전문) 박람회인 원예 및 Triennal의 3종의 박람회가 존재함을 알 수 있다.

추천에 따라 국제박람회기구가 공인하였을 때의 빈도였다. 이에 의하여 전문박람회인 특수박람회로서 공인 박람회인 대형 국제원예박람회를 개최하였다.[375]

* 참고

현재 회장은 네덜란드 화훼 경매 시장협회(VBN)회장인 듀크 하버(Doeke Faber)가 겸직하고 있다. 우리나라는 대형 국제원예박람회에 참가한 적은 있지만 주최국이 되어 연 적은 없다. 국제 원예박람회를 열기 위하여 국제원예생산자협회 산하 대한민국 AIPH 사무국이 만든 규약은 다음과 같다. 면적과 기간을 엄격하게 정하여 놓은 점이 국제원예생산자 규정과 비교하면 특이하다.[376]

대한민국 **AIPH** 사무국이 정한 박람회 종류

등급	횟수	빈도	기간	면적	외국인 사용 면적
A-1	연간 1회 한 국가 10년당 1회 미만	국제박람회기구 공인 받음	3~6개월	50ha(최소 면적), 이중 10%는 건물부지로 사용(실내 전시용으로 이용되는 건물은 제외)	전시면적 중 최소 5%는 국제 참가자에게 할애
A-2	연간 2회 미만, 동일 대륙 내에서 여러 개최의 경우 각 개막일 사이에 최소 3개월 간격을 둠, A-1, B-1의 개막행사 메인쇼, 폐막행사와 함께 동시에 개최하지 못한다.	국제박람회기구 공인을 받지 않는다.	최소 8일~최저 20일	최소 면적 15,000㎡ 이상	최소 면적 중 2,000㎡
B-1	연간 1회 미만	국제박람회기구 공인 안 받는다.	3개월~6개월	최소 25ha	3% 제공
B-2	연간 2회 미만, A-1, B-2, A-2와 동시에 열리지 않을 수도 있다.	국제박람회기구 공인을 받지 않는다.	8일~20일	최소면적 6,000㎡	600㎡

이 외에 국제박람회기구가 공인하는 카테고리가 전문전시회인 특수박람회는 이태리 밀라노에서 여는 Triennal of Milan처럼 장기간에 걸쳐 열린 적이

---

375) http://www.aiph.org/site/index_en.cfm?act=teksten.tonen&parent=4681&varpag=4258
376) http://www.aiph.co.kr/ 국제원예박람회 국제승인을 위한 대한민국 규정을 참고할 것.

있었다.

그 외 특수(전문) 박람회로서 6개월간 경제 전문분야에 대한 박람회를 열 때 국제박람회기구가 공인을 하기도 한다. 카테고리가 전문전시회인 중요한 특수박람회를 소개하면 다음과 같다.

① 박람회명: Rotterdam 1960

개최지: 네덜란드 Rotterdam

기간: 1960

주제: Horticulture

면적:

참가국 수:

방문자 수:

기: 최초의 Floriade[377]

② The United Kingdom's lst Garden Festival, Liverpool 1984

개최지: 리버풀

기간: 1984. 5. 2~10. 14

주제: The progress accomplished by International and National Horticulture

면적: 95 ha

참가국 수: 29명

방문자 수: 3,380,000명

특기: 영국에서 처음으로 개최, 금후 10년에 1회 개최 예정이었음. 국제정 원, 테마정원, 페스티발홀 등 유명

③ '90 일본 오사카 국제꽃과 녹음박람회(International Garden and greenery Exposition, Osaka, Japan, 1990), 일본어 '國際花と綠の博覽會, 약칭

---

377) 이민식, 위의 책, pp.421~424; Alfred Heller, *World's Fairs and the End of Progress*(Corte Maderai: World's Fair, Inc., 1999), pp.215~216. 세계적 규모인 비공인박람회 일부도 소개하였다.
http://www.bie‒paris.org/main/index.php?p=257&m2=253
http://commons.wikimedia.org/wiki/Floriade

'花の 萬博', Expo'90

개최지: 일본 오사카 쓰루미 공원(鶴見區 鶴見綠地), 과거에 쓰레기 매립
　　　장이었던 곳에 전시실을 마련하였다.

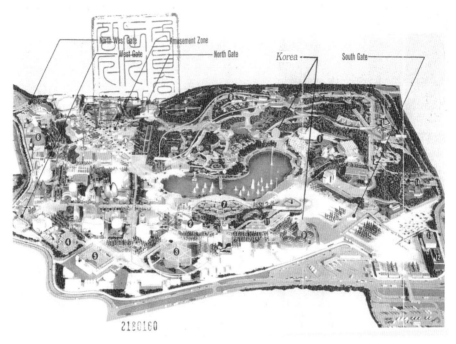

그림 128. 박람회장 전경
출처: 『'90 오사카 국제꽃과 녹음박람회』(농수산물유통공사, 1990)

명예총재: 德仁 황태자

박람협회장: 사이토에이사부로(齊藤英四郎)

기간: 1990. 4. 1～9. 30(183일간)

주제: 꽃과 녹지와 인간생활의 관계(Relationship of gardens and greenery
　　　to human life helping in the creation of a rich 21st century society)

개회식: Maim Event Hall에서 3,000명 운집

한국 참가신청: 1989년 3월 3일. 특수박람회이므로 참가치 않으려다가 참
　　　가하였다.

한국 참가배경: 전통문화의 소개 및 화훼산업 활성화, 일본과 선린외교 관계

유지 및 재일동포 사기진작, '93 대전무역박람회에 일본 참가 적극 유도

한국정원 참가계약자(1989년 10월 13일): 주오사카 총영사 유래형(柳來馨)

한국대표: 주오사카 총영사 박노수(朴魯洙) - 개회식에서 폐회식까지

한국관 주제: ① 조성목적에 부합될 수 있도록 한국고유의 전통성 강조. ② 전통공간의 유형과 도입시설의 일체화[378]

한국정원 전시계획: 옥외 - 한국전통정원(정자 연못 등), 옥내 - 절화 분화 자생식물 등 화훼류

한국관 주요 행사: 한국의 날(5월 22일), 한국주간(5월 21일~5월 24일)

한국정원 방문자 수: 730만 명

그림 129. 한국정원
출처: 『'90 오사카 국제꽃과 녹음박람회』
(농수산물유통공사, 1990)

EXPO '90 면적: 140ha

참가국 수: 82개국, 55국제기관, 일본 282개 공공기관 및 민간기업

자본 투입: 4천억(5년 동안)

생산증가 효과: 2조 2,076엔

소비증가 효과: 1조 1,814억 엔

고용증가 효과: 242천 명

방문자 수: 23,126,934명

---

378) 李載根(韓國環境엔지니어링), 「韓國庭園의 傳統性 具現을 위한 設計方法論에 관한 研究 ― Expo '90 오사카 꽃博覽會 韓國 展示場 出品件을 中心으로 ― 」『한국조경학회지』 v. 19 no. 1 (韓國造景學會, 1991), p.70.

특기: 국제박람회기구가 승인한 동양 최초의 특수(전문)박람회로서 대국제 원예박람회이다. 오사카 시 시제 100주년 기념으로 연 대형 국제원예 박람회였다. 1985년 5월 15일 국제원예박람회로부터 A - 1승인을 받 은 후 1986년 2월 14일 국제꽃과 녹음박람회 사무국을 설치하고 1986년 6월 5일 국제박람회기구로부터 공식 승인을 받은 특수(전문) 박람회이다. 일본 국내 박람회로 개최하려고 하였으나 정부가 대형 국제원예박람회로 추진하였다. 민간기업 기부 총액이 국제박람회사상 최고였다. 로스앤젤레스 올림픽에 비할 만큼 민간기업 기부가 활발하 였다. 그래서 '민활박'이라고도 하였다. 산악지구, 들판지구, 도시지구 의 공간구획과 국제정원전시장, 국제꽃전시장, 기업관, 일본정부원, 옥내원예전시용 국제홀, 오사카 시의 대온실, 기업전시관, 위락시설의 전시실로 회장을 마련하였다.[379] 사후에 박람회 회장에 시민공원 및 스포츠 위락단지를 마련하였다.[380]

④ 타이 2006 국제원예 박람회

북타이 치앙 마이(Mae Hia Sub - district, Muang district, Chiang Mai Province)의 왕립농업연구센터에서 2006년 11월 1일부터 2007년 1월 30일까 지 92일간 '휴머니스트의 사랑을 표현하기 위하여'(To Express the Love for Humanity)를 주제로 내걸고 국제박람회기구가 승인한 특수박람회인 국제원 예박람회를 열었다. 이 박람회는 타이왕 부미볼 아둘야에즈(Bhumibol Adulyaej: Rama - Chakai 왕조 9대손) 즉위 60주년 기념과 Diamond Jubilee 즉위와 80회 탄신을 기념하기 위하여 연 국제원예박람회였다.

379) 李載根, 위의 글, pp.67~69; Alfred Heller, *op. cit.*, pp.214~215.

380) http://shanghai.cultural - china.com/html/Latest - news - on - World - Expo/expo - history/200812/16 - 2511.html; 이민식, 위의 책, pp.427~429.

그림 130. 2006 국제원예박람회
— 국왕을 위한 고귀한 식물 라차포루엑 —
출처: Royal Flora Ratchaphoruek 2006
(박람회 공식 홈페이지)
International Horticulture Exposition for
His Majesty the King

그림 131. 2006 타이 화훼 미스코트
출처: Royal Flora Ratchaphoruek 2006
(박람회 공식 홈페이지)

80ha의 회장에는 '왕을 위한 정원'(Garden for the King)에는 30개국, 타이 자국 정원이 원예를 전시하여 아름다움의 극치를 이루었고 이 외에도 '타이 열대정원'(Thai Tropical Garden), '왕실 전시장'(Royal Pavilion), '난전시장'(Orchid Pavilion), '국제가든'(International Garden)에서 원예를 전시하였다. 엑스포 플라자(Expo Plaza)에서는 상점 오락시설이 있을 뿐만 아니라 엑스포 활동에 봉사를 도와주는 기관이 있었다. 각 전시장 내 각 진열장은 500㎡였다.

전시물은 열대식물과 꽃 2,200종, 식물 2,500,000종이나 되었다. 타이명의 나무로 라차포루엑은 '황색으로 보이는 식물'(Golden Showr Tree)이라는 뜻으로 타이왕이 태어날 때인 월요일의 색이 노란색이었으므로 이 나무는 국왕을 의미하고 있었다. 이 나무는 Purging Cassia, Pudding Pipe Tree, Indian Laburnam이라고도 하며, 학명은 a ssia fistual L이라고 한다.

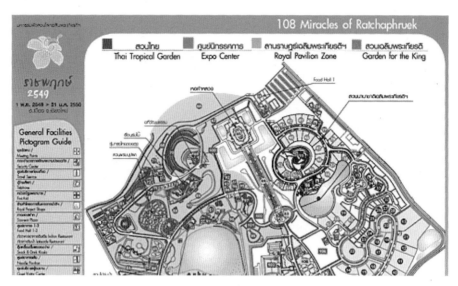

그림 132. 박람회 지도
출처: Royal Flora Ratchaphoruek 2006(박람회 공식 홈페이지)

이 박람회는 2007년 1월 31일 세계박람회 사무총장 로세르탈레스(Vicente Gozalez Loscertales), 타이 농업상, 원예 생산자 국제협회장 등이 참석한 가운데 타이 국무총리의 사회로 오후 4시 30분부터 폐회식을 갖고 불꽃놀이로 폐막하였다.

⑤ 벤로 세계박람회

벤로는 네덜란드 동남쪽에 위치하고 있는 도시로서 그 역사는 로마시대로 거슬러 올라간다. 중세시대는 한자도시동맹의 하나이기도 하였다.

네덜란드는 1960년부터 10년마다 원예박람회를 열었는데, 그 전통을 이어 네덜란드 원예협회의 제안에 따라 세계박람회를 추진하여 2008년 12월 2일 국제박람회 제144차 총회에서 총회 규약 제4조에 따라 승인을 얻었다.

이 박람회와 2012 여수 세계박람회의 같은 점은 규약이 요구하는 절차에 따라 총회의 승인을 받았으나, 전자는 화훼, 후자는 해양으로 주제를 정하여 박람회를 여는 것이 다를 뿐 세계박람회로서 지위나 자격은 다 동일하다.

네덜란드가 벤로 세계박람회를 개최하는 목적은 네덜란드가 세계 화훼사업을 주도하고 생산의 질을 높이며 벤로 지역을 삶과 일과 거주 지역으로 만들기 위하여 박람회를 열려고 준비하여 왔다.

벤로 세계박람회는 주제가 '자연에 대한 인간 생활의 질적 향상의 도모'이며, 부주제는 ① 그린 엔진 ② 교육 및 혁신 ③ 환경 ④ 건강과 치유 ⑤ 세계 쇼 스테이지이다.

2012년 4월부터 10월까지 180일 동안 2012 여수 세계박람회와 겹치는 시기에 열린다.

박람회 전체 면적은 66만 ㎡이다.

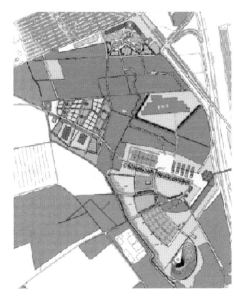

그림 133. 벤로 세계박람회 지도
출처: 벤로 세계박람회 홈페이지

박람회장 조성에 있어 눈에 띄는 것은 네덜란드와 접하고 있는 독일 영토의 일부를 이용할 수 있도록 독일 정부가 아량을 베풀고 있다는 것이다.

벤로 세계박람회는 25개 국제기관이 참여하며 네덜란드 전문가 25명, 외국인 전문가 25명이 박람회에 참여하도록 하며, 편의 시설로 2,000대~4,500대 주차가 가능토록 시설을 한다고 한다.

참고자료

※ 그림설명 말미의 (   )는 출처 문서기호임.

- 『高宗純宗實錄中(探究堂, 1979), p.472, 高宗 30年 11月 8日條; 下, p.39, 光武 2年 5月 23日條, 6月 13日條; 下, pp.222~223, 光武 5年 5月 31日條.
- 『대전 엑스포 93 공식안내』(대전 세계박람회 조직위원회, 1993)(대공 93)
- 『대전 엑스포 93』(대전 세계박람회 조직위원회, 1993)(대 93)
- 『대전 엑스포 93 공식기록화보집』(세계박람회 조직위원회, 1994)
- 『대전 엑스포 93』(대전: 중도일보사, 1993)(대중)
- 『리스본 엑스포 '98 한국관 기본설계 설명서』(대한투자진흥공사, 1997. 5)(대리)
- 문일평, 『한미관계50년사』(조광사, 1945)
- 『美案』1(『舊韓國外交文書』卷10)(高麗大學校 附設 亞細亞問題研究所, 1967)
- 『세계박람회 종합보고서』(대한무역진흥공사, 1982)(대 82)
- 『스포케인 박람회 종합보고서』(대한무역진흥공사, 1975)(대 75)
- 『承政院日記』高宗篇 12卷(국사편찬위원회, 1968), p.762, 高宗 30年 癸巳 11월 9日條.
- 『시카고 엑스포 참가 전시물 특별전』(세계박람회 조직위원회, 1993)
- 『Expo '70 日本萬國博覽會 한국참가보고서』(대한무역진흥공사, 1971)(대 70)
- 『Expo '92 세계박람회 종합보고서』(대한무역진흥공사, 1992)(대세 92)
- 『여수 박람회 홍보서』(2010년 세계박람회 유치위원회, 2001). 콜럼비아 세계 박람회 참가국을 72개국이라고 한 것은 誤記이다. 47개국이다
- 오명, 『대전 세계 엑스포』(웅진닷컴, 2003)
- 이민식, 『근대한미관계사』(백산자료원, 2001)
- 이민식, 「미시건 湖畔 세계박람회에서 전개된 개화문화의 한 장면」『韓國思想文化學會』 2001년 9월.
- 이민식, 「역사의 현장에서 전개된 한국과 세계박람회」『현대모터』 2002년 1월호.

- 이민식, 「보빙사 민영익의 보스턴 박람회 관람기」, 『현대모터』 2002년 2월호.
- 이민식, 「우리나라가 처음 참가한 세계박람회에 대한 연구」(대림대학 논문집 제24호 대림대학 논문편집위원회, 2002)
- 이민식, 「Korea로 처음 참가한 콜럼비아 세계박람회」, 『현대모터』 2002년 3월호.
- 이민식, 「콜럼비아 세계박람회에서의 문산 정경원의 활동」, 『현대모터』 2002년 4월호.
- 이민식, 「여수 엑스포 문제를 계기로 살펴본 세계박람회와 한국」, 『한국사상 문화학회』 2002년 9월.
- 『日省錄』, 396, 高宗 30年 癸巳 11月 初9日條, pp.759～760.
- 『1998 리스본 세계박람회 종합보고서』(대한무역투자공사, 1998)(대 98)
- 『鄭敬源 文書』
- 『제노아 Expo '92 종합보고서』(대한무역진흥공사, 1992)(대제 92)
- 『朝鮮日報』, 1962년 4월 17일, 「宇宙時代 人間의 모습」
- 『朝鮮日報』, 1962년 4월 22일, 「시아틀 博覽會 開幕」
- 『朝鮮日報』, 1964년 4월 20일, 「뉴욕 博覽會」
- 『朝鮮日報』, 1967년 4월 30일, 「미니스커트 금지령, 세계박람회 직원들에」
- 『朝鮮日報』, 1967년 5월 2일, 「몬트리올 世博開幕」
- 『조선일보』, 1970년 3월 3일, 「엑스포 안내양 13명, 5일 도일」
- 『조선일보』, 1970년 3월 8일, 「만국기와 함께 펼치는 인류의 진보와 조화」
- 『조선일보』, 1970년 3월 14일, 「엑스포 70 오늘 開幕式」
- 『朝鮮日報』, 1970年 3月 21日, 「시카고 博覽會 紀行文 발견」
- 『조선일보』, 1975년 7월 16일, 「12萬年전 얼음展示, 오끼나와 海洋박물관」
- 『조선일보』, 1975년 7월 20일, 「오끼나와 海洋博覽會 개막」
- 『朝鮮日報』, 1993년 8월 5일, 「약도로 보는 대전엑스포」
- 『朝鮮日報』, 1993年 8月 6日 「韓國, 100년전 시카고대회 첫 참가」
- 『朝鮮日報』, 1993년 8월 7일, 「세계로 미래로 나가자」
- 『朝鮮日報』, 2000年 5月 10日, 「서양에 보여준 開化한국 이벤트」(조 2000. 5. 10). 콜럼비아 세계박람회 한국 전시실의 넓이를 誤記하고 있다.
- 『中央日報』, 2001년 5월 25일, 「전남 여수 엑스포」
- 『'84 세계박람회 종합보고서』(대한무역진흥공사, 1985)(대 84)
- 『'85 세계박람회 종합보고서』(대한무역진흥공사, 1986)(대 85)
- 『'86 세계박람회 종합보고서』(대한무역진흥공사, 1986)
- 『'88 세계박람회 종합보고서』(대한무역진흥공사, 1988)(대 88)
- 『하노버 엑스포 종합결과 보고서』(대한무역투자진흥공사, 2000)(대 20)
- Alfred Heller, *World's Fairs and the End of Progress*(Corte Madera: World's Fair,

Ince, 1999)(H).

- Arnold C. D. and Higinbotham, *Official Views of the World's Colum-bian Exposition*(Chicago: Department of Photography, 1883).

- *A Week at the Fair of the World's Columbian Exposition*(Chicago: Rand, McNally & Co.'s, 1893).

- *Chicago Tribune Glimpses of the World's Fair*(Chicago: Laird & Lee, Publisher, 1893).

- C. N. Weems ed., *Hulber's History of Korea*(London: Routledge & Kegan Paul, 1962), vol. Ⅱ.

- Daniel Kane, "Korea in the White City: Korean Participation in the World's Columbian Exhibition of 1893", Transactions of Royal Asiatic Society of Korean Branch, vol.77, 2002(Da).

- David F. Burg, *Chicag's White City of 1893*(Kentucky: The University Press of Kentucky, 1976).

- Dennis B. Downey, *A Season of Renewal*(London: Westport, 2002).

- *Elevator Tower*(Chicago: Hale Elevator Company, 1893).

- Erik Mattie, *World's Fairs*(New York: Prinston Architectural Press, 1998)(Er).

- G. L. Dybward and Joy V. Bliss, *Annotated Bibliography: World's Columbian Exposition, Chicago 1893*(New Mexico: The Book Stops Here, 1992)(D).

- Herbert Howe Bancroft, *The Book of the Fair*(Chicago: The Bancroft Company, 1893)(Ba).

- *Invitation to Dinner at the Auditorium in Downtown Chicago.*

- James W. Shepp and Daniel B. Shepp, *Shepp's World's Fair Photographed* (Chicago: Globe Bible Publishing Co., 1893).

- Johon Allwood, *The Great Exhibitions*(London: Studio Vista, 1977)(Al).

- John Zukowsky ed., *Chicago Architecture, 1872～1922*(Munich: Prestel-Verlag, 1987)(Z).

- John E. Finding and Kimberly D. Pelle, *Historical Dictionary of World's Fairs and Expositions, 1851～1988*(New York: Greenwood, 1990).

- John J. Flinn, *Official Guide to the World's Columbian Exposition*(Chicago: The Columbian Guide Company, 1893), pp.257～262.

- Kate Challis ed., *Tales from Sydney Cove*(NSW: The Helicon Press, 2000).

- Peter Proudfoot, Roslyn Maguire, and Robert Preestone, *Colonial City Global City Sydney's International Exhibition 1879*(NSW: Crossing Press, 2000)(Peter).

- *Place Setting Souvenir of Korea Dinner.*

- Rossiter Johnson ed., *A History of the World's Columbian Exposition Held in Chicago in 1893*, vol. 1(New York: D. Appleton and Company, 1897)(Ro).
- Ryan Ver Berkmoes, *Chicago*(Melbourne: Lonely Planet Publications, 1998)(R).
- Stanley Appelbaum, *The Chicago World's Fair of 1893*(New York: Dover Publications, Inc. 1980).
- W. E. Hamilton, *"The Time − Saver"*(Chicago: Room 12, Mo. 283 South, Clark Street, 1893)

- ExpoMuseum(EM)
- http://columbus.gl.iit.edu/bookfair/bftoc.html
- http://ExpoMuseum.com/1962/(Links: Seattle Center, Century 21 Expotion 1962 Courtesy Seattle Center; History of the Century 21 Exposition)(E)
- Widipedia(W)
- Expo '67 Montreal World's Fair
- Expo 74 The Spokane World's Fair(74)
- http://ExpoMuseum.com/1975(Ocean Expo Park, Map)(E 75)
- http://ExpoMuseum.com/1982/(Site)(E 82)
- http://ExpoMuseum.com/1988)(E 88)
- http://hotx.com/hot/hillcountry/sa/tours/hemisfair/(Ho)
- http://kr.geocities.com/palmer933320/
- http://my.dreamwiz.com/historiea
- http://nutrias.org/∼nopl/monthly/oct99/oct99.htm(N)
- http://www.geocities.com/fairscruff/opening/OpeningDay.htm(GO)
- http://www.geocities.com/fairscruff/map/pinkmap.html(GM)
- http://www.geocities.com/exposcruff/Krora.htm(GK)
- http://www.geocities.com/seattlescruff/international.htm(GI)
- http://www.jath.virginia.edu/london/model/source.html(jath)
- http://www.lib.umd.edu/ARCH/exhibition/images/1900par/plan.jpg(lib)
- http://www.parquedasnacoes.pt/en/expo98/recinto.asp(P)
- http://www.studygroup.org.uk/Paris%20Universal%20Exposition%201900.html
- New York 1964 World's Fair
- www.expopark.co.kr

부록

1. 역대 세계박람회

1) 런던 1851

기간(월일)	5. 1~10. 15
넓이(acres)	19
표 매수자 수(명)	6,039,195
총 관람자 수(명)	
손익(£)	+186,437
특징	제1회 세계박람회

2) 더블린 1853
3) 뉴욕 1853~54

기간(월일)	7. 14~1854. 11. 1
넓이(acres)	4
표 매수자 수(명)	
총 관람자 수(명)	1,150,000
손익(£)	-$300,000
특징	크리스털궁

4) 파리 1855

기간(월일)	5. 15~11. 15
넓이(acres)	29
표 매수자 수(명)	5,162,330
총 관람자 수(명)	
손익(£)	-FF 8.3million
특징	

5) 런던 1862

기간(월일)	5. 1~11. 15
넓이(acres)	23.5
표 매수자 수(명)	
총 관람자 수(명)	6,211,103
손익(£)	broke even
특징	

6) 더블린 1865

7) 파리 1867

기간(월일)	4. 1~10. 1
넓이(acres)	
표 매수자 수(명)	9,063,000
총 관람자 수(명)	
손익(£)	+FF2.9million
특징	참가국 독립관 부여

8) 런던 1871

9) 런던 1872

10) 런던 1873

11) 런던 1874

12) 비엔나 1873

기간(월일)	5. 1~11. 1
넓이(acres)	280
표 매수자 수(명)	5,058,000
총 관람자 수(명)	7,254,637
손익(£)	-15million gldn
특징	

13) 필라델피아 1876

기간(월일)	5. 10~11. 10
넓이(acres)	284.5
표 매수자 수(명)	8,004,000
총 관람자 수(명)	9,789,000
손익(£)	-$4.5million
특징	미국 독립 기념 100년 박람회

14) 파리 1878

15) 시드니 1879~1880

16) 멜버른 1880~1881

17) 애틀랜타 1881

18) 암스테르담 1883

19) 보스턴 1883~84

기간(월일)	9. 3~1884. 1. 12
넓이(acres)	3
표 매수자 수(명)	
총 관람자 수(명)	300,000
손익(£)	-$25,000
특징	민영익 보빙사 출품

20) 콜카타 1883~84

21) 루이빌 1883~87

22) 뉴올리언스 1884~85

23) 앤트워프 1885

24) 에든버러 1886

25) 런던 1886.

26) Adelaide 1889~88

27) 바르셀로나 1888

28) 그라스고 1888

29) 멜버른 1888~89

30) 파리 1889

기간(월일)	5. 6~11. 6
넓이(acres)	
표 매수자 수(명)	
총 관람자 수(명)	32,350,000
손익(£)	
특징	에펠탑

31) Duneidin 1889~90

32) 킹스턴 1891

33) 시카고 1893

기간(월일)	5. 1~10. 30
넓이(acres)	686
표 매수자 수(명)	21,477,000
총 관람자 수(명)	27,529,000
손익(£)	+$1.4million
특징	콜럼버스 아메리카 발견 400주년 기념 박람회. 한국 첫 출품

한국관

주제	
넓이	466ft²
특징	한국관 제1호

34) 앤트워프 1894

35) 샌프란시스코 1894

36) Hobart 1894~95

37) 애틀랜타 1895

38) 브뤼셀 1897

39) 과테말라 1897

40) Nashiville 1897

41) 스톡홀름 1897

42) 오마하 1898

43) 파리 1900

기간(월일)	4. 15～11. 12
넓이(acres)	553
표 매수자 수(명)	39,027,000
총 관람자 수(명)	50,861,000
손익(£)	+FF 7.1million
특징	

한국관

주제	
넓이	
특징	근정전 닮은 한국관, 2번째 출품

44) 부펄로 1901

45) 그라스고 1901

46) Charleston 1901～02

47) 하노이 1902～03

48) 성 루이스 1904

49) Liége 1905

50) Portland 1905

51) 밀라노 1906

52) Christchurch 1906～07

53) 더블린 1907

54) 제임스타운 1907

55) 런던 1908

56) 시애틀 1909

57) 브뤼셀 1910

58) 난징 1910

59) 런던 1910

60) Ghent 1913

61) 샌프란시스코 1915

기간(월일)	2. 20~12. 4
넓이(acres)	635
표 매수자 수(명)	11,128,000
총 관람자 수(명)	18,876,438
손익(£)	+$2.4million
특징	스텔라

62) 산티아고 1915~16

63) 뉴욕 1918

64) 리우데자네이루 1922~23

65) Wembley 1924~25

66) 파리 1925

67) Dunedin 1925~26

68) 필라델피아 1926

69) 롱비치 1928

70) 바르셀로나 1929~30

71) 세비아 1929~30

72) 앤트워프 1930

73) Liége 1930

74) 파리 1831

75) 시카고 1933~34

기간(월일)	1933. 5. 27~11. 12:1934. 5. 26~10. 31
주제	진보의 세기 세계박람회
넓이(acres)	427
표 매수자 수(명)	1933 - 22,566,000:1934 - 16,486,000
총 관람자 수(명)	1933 - 27,703,000:1934 - 21,066000
손익(£)	+$160,000
특징	시카고 도시 건설 100주년 기념 세계박람회

76) 브뤼셀 1935

77) 산티아고 1935~36

78) Johannesburg 1936~37

79) 파리 1937

80) 그라스고 1938

81) 뉴욕 1938~40

기간(월일)	1939 - 4. 30~10. 31 : 1940 - 5. 11~10. 27
주제	내일의 세계
넓이(acres)	1,216.5
표 매수자 수(명)	
총 관람자 수(명)	1939 - 25,817,000 : 1940 - 19,116,000
손익(£)	- $187million
특징	

82) 샌프란시스코 1939~40

기간(월일)	1939 - 2. 28~10. 29 : 1940 - 5. 25~9. 29
주제	내일의 세계
넓이(acres)	400
표 매수자 수(명)	
총 관람자 수(명)	1940 - 17,042,000
손익(£)	- $559,423
특징	

83) 웰링턴 1939~40

84) 리스본 1940

85) Port - au - Prince 1949~1950

86) 브뤼셀 1958

기간(월일)	4. 17~10. 19
주제	과학과 문화와 인간
넓이(acres)	500
표 매수자 수(명)	
총 관람자 수(명)	41,454,000
손익(£)	- BF 3billion
특징	2차 대전 후 최초의 박람회

87) 시애틀 1962

기간(월일)	4. 21~10. 21
주제	우주시대의 인류
넓이(acres)	74
표 매수자 수(명)	
총 관람자 수(명)	9,6400,000
손익(£)	
특징	

한국관

주제	
넓이	326㎡
특징	해방 후 처음 출품한 박람회

88) 뉴욕 1964~65

기간(월일)	1964－4. 22~10. 18：1965－4. 21~10. 17
주제	진보의 시대
넓이(acres)	646
표 매수자 수(명)	
총 관람자 수(명)	1964－27,148,000：1965－24,459,000
손익(£)	－$21million
특징	국제박람회기구의 승인을 받지 못하였음.

한국관

주제	
넓이	23,236ft²
특징	

89) 몬트리올 1967

기간(월일)	4. 28~10. 29
주제	인간과 세계
넓이(acres)	988.7
표 매수자 수(명)	50,306,000

총 관람자 수(명)	54,992,000
손익(£)	- C$ 274million
특징	

한국관

주제	
넓이	423㎡
특징	

90) 샌안토니오 1968

기간(월일)	4. 6~10. 6
주제	미 대륙에서의 문화교류
넓이(acres)	92.6
표 매수자 수(명)	
총 관람자 수(명)	6,384,000
손익(£)	- $5.5million
특징	

한국관

주제	
넓이	
특징	

91) 오사카 1970

주제	
넓이(acres)	815
기간(월일)	3. 15~9. 13
총 관람자 수(명)	64,219,000
손익(£)	+ 146million
특징	일본 최초 등록박람회, 국제박람회기구 새 로고 사용

한국관

주제	보다 깊은 理解와 友情: 전시 주제-平和의 鐘
넓이	4,150㎡
특징	

92) 스포케인 1974

주제	공해 없는 발전
넓이(acres)	100
기간	5. 4~11. 3
총 관람자 수(명)	5,600,000
손익(£)	+$47million
특징	최초 환경박람회

한국관

주제	조용한 아침의 나라의 反響
넓이	9,000ft^2
특징	

93) 오키나와 1975~76

주제	
넓이(acres)	247.1
기간(월일)	7. 17~1976. 1. 18
총 관람자 수(명)	3,480,000
손익(£)	
특징	해양박람회

주제	바다를 통한 유대
넓이	500㎡
특징	

94) 녹스빌 1982

주제	世界를 움직이는 에너지
넓이(acres)	72
기간(월일)	5. 1 ~ 10. 31
총 관람자 수(명)	11,150,000
손익(£)	손실
특징	

한국관

주제	韓國의 새로운 地平
넓이	192㎡
특징	

95) 뉴올리언스 1984

주제	강의 세계, 물은 생명의 원천
넓이(acres)	82
기간(월일)	5. 12 ~ 11. 11
총 관람자 수(명)	7,300,000
손익(£)	-$121million
특징	

한국관

주제	Korea New Tides of Progress
넓이	15,840S/F
특징	

96) 츠쿠바 1985

주제	人間, 居住, 環境과 科學技術
넓이(acres)	250
기간(월일)	3. 17 ~ 9. 16
총 관람자 수(명)	29,334,727
손익(£)	
특징	

한국관

주제	한국, 과거를 소중히 미래를 향하여
넓이	1,665㎡, 옥외직매장 158㎡
특징	

97) 밴쿠버 1986

주제	움직이는 인류 – 교통과 관련 통신
넓이(acres)	70ha
기간(월일)	5. 2~10. 13
총 관람자 수(명)	22,000
손익(£)	– C$ 336million
특징	

한국관

주제	약동하는 한국
넓이	1,587㎡
특징	

98) 브리스베인 1988

주제	기술시대의 레저
넓이(acres)	98
기간(월일)	4. 30~10. 30
총 관람자 수(명)	15,760
손익(£)	
특징	

한국관

주제	1988 Olympics and More
넓이	1,445㎡
특징	

99) 그라스고 1988

주제	
넓이(acres)	120
기간(월일)	4. 29~9. 28
총 관람자 수(명)	
손익(£)	
특징	

주제	
넓이	
특징	

100) 제노아 1992

주제	배와 바다
넓이(ha)	5
기간(월일)	5. 15~8. 15
총 관람자 수(명)	1,720,000
손익(£)	
특징	

한국관

주제	동방으로부터의 협력자, 한국
넓이	600S/F
특징	해양박람회

101) 세비아 1992

주제	발견의 시대
넓이(acres)	530
기간(월일)	4. 20~10. 12
총 관람자 수(명)	
손익(£)	
특징	

한국관

주제	발견의 동반자
넓이	2,400㎡
특징	거북선 전시

102) 대전 1993

주제	새로운 도약의 길
넓이(acres)	273,000평
기간(월일)	8. 7~11. 7
총 관람자 수(명)	14,000,000
손익(£)	
특징	인정박람회

한국관

주제	번영을 함께 누리는 슬기
넓이	7,792㎡
특징	한국의 1893 콜럼비아 세계박람회 출품 100년

103) 리스본 1998

주제	미래를 위한 유산, 대양
넓이(acres)	60㏊
기간(월일)	5. 22~9. 30
총 관람자 수(명)	10,023,000
손익(£)	
특징	해양박람회

한국관

주제	생동하는 바다를 삶의 터전으로
넓이	1,570㎡
특징	거북선 전시

104) 하노버 2000

주제	인간과 자연과 기술
넓이(acres)	1,600,000㎡
기간(월일)	6. 1~10. 31
총 관람자 수(명)	20,956,797
손익(£)	
특징	

한국관

주제	물 생명의 원천
넓이	3,700㎡
특징	

105) 아이치 2005

주제	자연의 예지
넓이(acres)	173ha
기간(월일)	3. 25~9. 25
총 관람자 수(명)	22,049,544
손익(£)	
특징	

한국관

주제	생명의 빛
넓이	1,620㎡(약 400평)
특징	

106) 사라고사 2008

주제	물과 지속 가능한 발전
넓이(acres)	140만㎡
기간(월일)	6. 14~9. 14
총 관람자 수(명)	
손익(£)	
특징	

한국관

주제	물과의 대화
넓이	1,200㎡(지상층)
특징	

107) 상하이 2010

주제	더 좋은 도시, 더 좋은 삶
넓이(acres)	
기간(월일)	5. 1~10. 31
총 관람자 수(명)	
손익(£)	
특징	중국이 처음 치르는 등록박람회

한국관

주제	조화로운 도시, 다채로운 생활(Friendly City, Colorful Life)
넓이	6,000㎡
특징	

108) 여수 2012

주제	살아 있는 바다, 숨 쉬는 연안
넓이(acres)	
기간(월일)	5. 12~8. 12
총 관람자 수(명)	
손익(£)	
특징	한국이 2번째로 치르는 인정박람회, 해양박람회

109) 밀라노 2015

2. 영광의 코트에서 서양시를 처음 접한 정경원과 이승수

한국인이 처음 접하였던 서양시는 무엇일까?

한국인으로서 처음 서양시에 접하였던 사람은 콜럼비아 세계박람회의 영광의 코트에서 카스티야의 의상을 입은 쿠두이양이 읊은 장시 크로푸트의 '예언'(Prophecy)을 경청한 이승수이다. 때는 1893년 5월 1일이다. 이승수는 주미국조선공사관의 참무관으로 부임 중 정경원, 알렌 등과 같이 개막식에 참석하여 시를 경청하였던 것이다. 이 시가 한국인으로서는 처음 접하였던 서양시이다. 시의 내용은 성난 파도를 뚫고 항해하는 배의 모습, 성난 파도에 방향을 잃어버린 배의 모습, 흔들리는 배 속에서 스페인으로 돌아가자는 선원들의 절규, 절규 속에서 희망을 찾고 있는 콜럼버스의 모습, 찾고 있는 새로운 세계 발견의 가능성, 새 세계의 발견과 항진에 대하여 그리고 있다.

콜럼버스(1451~1506)는 제노아의 직조공의 아들로 1472년경부터 해상여행을 하기 시작하였다. 그는 토스카넬리의 지구구형설을 믿고 인도에 가기 위하여 포르투갈의 국왕에게 도움을 청하였으나 거절당하고 스페인의 이사벨라 여왕의 후원과 카타루나(Cataluna) 발렌시아(Valentia) 상인의 후원을 얻어 1492년 8월 3일 팔로스항에 있는 라라비다(La Rabida) 수도원을 떠났다. 라라비다 수도원은 콜럼버스가 항해 전후에 기거하였으며 이사벨라 여왕으로부터 항해권을 이곳에서 얻고 프란시스코 수도사들에게 항해의 필요성을 설득하면서 팔로스의 상인 핀존과 항해문제를 논의하였던 곳이다. 수도원 양식은 고(古)이슬람 건축양식이다. 콜럼버스는 산타마리아호(280t), 니나호(140t), 핀타호(100t)에 120명을 승선시켜 떠난 뒤 2개월여인 10월 12일 산살바도르 섬에 도착하였다. 그러나 이때 콜럼버스의 도착일자는 불분명한 점이 있다. 콜럼비아 세계박람회 낙성식 때 도착일을 기해 식을 하기로 10월 12일을 정하였으나 정확하지 못하다 하여 21일에 행한 바가 그 한 예이다. 그는 산살바도르 섬 상륙에 만족하지 않고 계속 탐험을 하여 쿠바 산토도밍고를 발견하였다. 콜럼버스는 쿠바의 아메리칸 인디언 노예로부터 매독균의 전염을 받아 그 균이 바르셀로나에 퍼졌다. 이 이후 3차례에 걸쳐 콜럼버스는 탐험을 계속하였다. 1493년에 7척의 배로 1,500명을 승선시켜 카리브 연안을 탐사하였다. 1498~1500년에는 오리노코 연안(Orinico)을 탐색하였고 1502~1504년에는 온두라스를 탐사하였다. 그러나 그는 탐사한 곳이 인도인 줄 알고 사망하였다. 그래서 인도와 구분하기 위하여 콜럼버스가 탐사한 곳을 서인도제도라고 한다. 1500년경 이태리인 아메리고 베스푸치가 남아메리카를 탐험하고 편지(Mundus Novus)에서 이곳이 신대륙임을 밝혔다. 아메리카 이름은 여기서 유래한 것이다.

예 언

크로푸트 작시
쿠두이양 낭독
이민식 번역

콜럼버스는 어두운 서쪽 대양으로 넘어가는 달을 슬프게 쳐다보고 있도다. 낯선 새들이 돛대 주위를 맴돌고 이름 모를 꽃들이 정처 없이 흘러가는 배 주위에 떠다니도다.
산타마리아호가 어두움을 뚫고 강한 바람에 흔들리고 있고
성난 파도는 범선(凡船)을 때리고 있도다.

고메즈 레이스콘은 캡틴 핀존과 같이
광폭한 바다를 지나 양피지(羊皮紙) 뭉치를 제독에게 가지고 왔도다.

×　×　×　×　×

굿 마스터라고 말하면서 이 편지를 읽으라고 하도다.
그 편지에는 모든 함대에서 온 기도의 소리가 적혀 있도다.
선원은 공포로 정신이 혼미하여
이제 더 나침반이 가리키는 폴(pole)을 찾지 못하도다.
별모양의 선박 키는 하늘이 꺼질 듯이 춤을 추고
그대는 어제저녁 골칫거리밖에 보지 못하였도다.
떠도는 구름 아래 갑판 위에는 시체가 보이도다.
악마와 같은 바람은 아무도 없는 대지의 동쪽에서부터 미친 듯이 불어오고
바다는 소용돌이치는 심연(深淵)으로 빠져들고 있도다.
프란시스코는 육지의 끝까지 가까이 와서 에레부스(Erebus) 밖까지 키를 잡지 못하여 미끄러질 것이라고 말하였도다.

×　×　×　×　×

지난 일요일 밤 디에고는 한 마법사가 부표(浮標) 뒤로 춤을 추면서 니나호를 앞쪽 사슬로 서쪽으로 끌고 가는 모습을 보았도다.

니나호가 춤을 추자 하늘의 찬란한 별은

밧줄에서 미끄러지듯 바닷속으로 들어가 버리도다.

마왕과 같이 배 꽁지에 피를 남겨두면서

오! 마스터! 나의 말을 들으시오. 스페인으로 돌아갑시다.

불길한 징조가 올 것임을 알아차립시다.

우연히 공포가 선원을 몰아치고 파멸의 길로 도망가 버리니

선원이 폭동을 일으킬지도 모르리라.

평화의 생각에 잠긴 고메즈 레스콘!

제독에게 "그대는 내가 여기를 떠날 수 있도록 제발 말을 하여 주시오. 나는 혼자 있고 싶소."라고 설명하여 주오.

×　×　×　×　×

콜럼버스는 바다와 하늘과 외로운 가슴속에서 희망을 찾고 있도다.

그러나 칠흑 같은 절망이 희망을 억누르는 것을 알아차렸도다.

거센 바람은 그의 주변을 때리고 있고

"돌아갑시다. 돌아갑시다."라는 날카로운 비명의 소리만 들리도다.

그는 제노아와 어릴 때의 꿈을 회상하였도다.

아버지의 경계의 말씀과 순진한 베아트리체를 믿고 있는 어머니의 기도와

카스티야의 생활과 환희와 온화. 그리고 평화의 대지 위의 안락(安樂)함이 돌아올 텐데

슬픈 바람 소리는 "돌아갑시다. 돌아갑시다. 돌아갑시다."라고 신음 소리를 내고 있도다.

×　×　×　×　×

그러나 그는 묵상에 잠기면서 갑판 뒤를 돌아다니면서 빛나는 파도의 저쪽을 응시하도다.

신기한 현상은 거품이 빛을 발하고 적열(赤熱)이 단백색 바다 위의 꼬마 요정의 그림자와 같이 가고 오고 하도다.

그가 찾고 있는 대지가 있다는 예언적 그림이기도 하도다.

그에게 탐색의 승리의 끝이 보였도다.

그는 이사벨라의 가슴 위에 빛나는 안틸레안(Antillean) 보석이 있는 곳 서쪽의 섬이 타오르고 있는 것을 보았도다.

그는 축복받아야 할 땅 위에서 수많은 침략의 사실과 대를 이어 내려온 가난과 울부짖는 고통이 지나가는 행복의 눈동자를 보았도다.

그는 부르봉과 브라간자(Braganza)가 마지못해 행한 고대적 실수가 쳐들어온 민중에게 왕좌를 내주는 사실도 보았도다.

그는 법에 엄한 대낮처럼 빛나는 제국이었으나 자유를 맹서하면서 자랑스럽게 일어나서 세계가 가는 길을 보여주려고 빛나게 열거하는 것을 보았도다.

그는 인간에게 하늘이 준 평화와 희망과 드넓은 공화국의 발생이 천하의 평정을 얻게 하여 제국이 기를 펴지 못하는 것을 보았도다.

그는 황금 곡식이 서 있고 가을의 화려한 사슴뿔이 있는 굽은 길을 넘어 시어리즈신(Ceres, 그리스의 풍작의 여신)과 플로라(Flora, 고대 로마의 꽃의 여신)가 아침을 장식하는 것을 보았도다.

그는 어둠을 넘어 황금옷과 발달한 직조기에서 짠 아라베스크 무늬가 불모의 초원에서 거품 낀 제국의 도시에서 추방되는 것을 보았도다.

그는 철용(鐵龍)이 좁은 길에서 동서남북으로 부딪혀 가면서 멀고 먼 지구의 은혜를 이어 가고 있는 모습을 보았도다.

그는 무역과 사랑과 즐거움이 엮여 넘쳐나고 얼굴과 얼굴을 부비면서 영양(羚羊)을 포옹하듯이 친구를 대하는 모습을 보았도다.

그는 죽음과 같은 지하 감옥에서 구원을 얻으며, 적이 형제가 되며, 절망이 희망으로 바뀌며, 대포가 초목이 무성한 경사진 곳에 놓여 있고 교수대(gallow)의 밧줄이 끊어져 있는 것을 보았도다.

그는 노동자의 오막살이 마루 위의 갓난아이가 환한 벽에 호화롭게 매달려 놀고 있고 편안하고 빛나고 풍부한 바닷가 그곳, 물결이 문 앞에 출렁거리는 것을 보았도다.

그는 무수한 물레 가락이 빙빙 돌아가고 무수한 공장 바퀴가 지축을 흔들며 즐거움이 가득한 사랑이 깃들어 있는 가정을 보았도다.

그는 무지에서 벗어나며 시대를 두고두고 힘이 지배하던 때에서부터 과학이 앞장서서 인간의 천우(天佑)를 관장하는 것을 보았도다.

× × × × ×

닥친 일들이 많아 어려움이 많았지만 다 지나갔도다.

제독은 황홀경에 빠지었도다.

사자처럼 그의 흥분한 얼굴, 빛나는 눈동자가 숨은 태양에서부터 신비의 불꽃
이 피고 있도다.

"마르틴 씨! 지금 그대는 다시 키의 손잡이를 잡고 기다리세요!"

핀타호야 서둘러라! 늘어진 돛대를 달아라! 내 영혼의 경이로운 경지가 움트는
것을 위하여!

보라! 물로 쌓인 대륙에서부터 광영의 땅에 상륙하도다.

그곳은 황금의 곡식과 향기로운 과일이 있는 곳이도다.

그곳은 현명하고 솜씨가 뛰어난 한 남녀가 교외의 오두막집에 평화롭게 살고
있는 곳이로다.

화려한 도시에는 꽃이 만발하고 바다 위에는 도화경이며 행복이 여기서 피어
나고 있도다.

× × × × ×

하늘의 별까지 올라가도록 열정을 갖고 희망을 가져라.

오 마르틴! 폭풍을 헤치고 많은 얼굴들이 미소를 머금은 채 나에게 올 것이라
고 생각되도다.

우리는 지금 가고 있으니 공포는 멀리멀리 사라져 버려라.

지하의 모든 악마가 돛을 제지하고 키를 낚아채도 나는 나의 꿈을 버리지 못
할 것이외다.

핀타호야! 서둘러라!

나는 환희의 영상을 보았기 때문에 서쪽으로 핀타호의 뱃머리를 돌려라.

해가 지면 서쪽으로 뱃머리를 돌려 누구든지 온 길로 돌아가게 하지 말라.

말대로 그리하여 핀타호의 뱃머리에서는 트럼펫 소리가 울려 퍼지도다.

아! 빛나리! 아! 빛나리!

Sadly Columbus watched the nascent moon
Drown in the Gloomy Ocean's western deeps

Strange birds that day had fluttered in the sails,
And strange flowers floated roun the wandering keel.

And yet no land. And now, when through the dark
The Santa Maria leaped before the gale,
And angry billows tossed the caravals,
As to destruction, Gomez Rascon came
with Captain Pinzon through the Frenzied seas,
And to the Admiral brought a parchment scroll.

Saying, "Good Master: Read this writing here;
An earnest prayer it is from all the fleet.
The crew would fain turn back in utter fear.
No longer to the Pole the compass points.
The sailor's star reels dancing down the sky.
You saw but yestereve an albatross
Drop dead on deck beneath the flying scud.
The Devil's wind blows madly from the east
Into the land of Nowhere, and the sea
Keeps sucking us adown the maelstrom's maw.
Francisco says the edge of earth is near,
And off to Erebus we slide unhelmed.

Last Sunday night Diego saw a witch
Dragging the Nina by her forechains west
And wildly dancing on a dolphin's back;
And, as she danced, the brightest star in heaven
Slipped from its leash and sprang into the sea,
Like Lucifer and left a trail of blood.

O, Master, hear me! – turn again to Spain,
Obedient to the omens, or, perchance,
The terror stricken crew, to escape their doom,
May mutiny and – "
"Gomez Rascon, peace!"
Exclaimed the Admiral, "thou hast said enough!"
"Now, prithee, leave me. I would be alone."

Then eagerly Columbus sought a sign,
In sea and sky and in his lonely heart,
But found, instead of presages of hope,
The black and ominous portents of despair.
The wild wind roared around him, and he heard
Shrill voices shrick "Return! – return! – return!"
He thought of Genoa and dreams of youth,
His father's warning and his mother's prayers,
Confiding Beatriz, her prattling babe,
The life and mirth and warmth of old Castile,
And tempting comfort of the peaceful land,
And sad winds moaned "Return! – return – return!"
As thus he mused, he paced the after deck
And gazed upon the luminous waves astern.
Strange life was in the phosphorescent foam,
And through the goblinglow there came and went,
Like elfin shadows on an opal sea,
Prophetic pictures of the land he sought.

He saw the end of his victorious quest,
He saw, ablaze on Isabella's breast,
The gorgeous Antillean jewels rest –
The Island of the West!

He saw invading Plenty dispossess
Old Poverty, the land with bounty bless,

And through the wailing caverns of Distress
Walk star−eyed Happiness!

He saw the Bourbon and Braganza prone,
For ancient error tardy to atone,
Giving the plundered people back their own
And flying from the throne.

He saw an empire radiant as the day,
Harnessed to law but under Freedom's sway,
Proudly arise, resplendent in array,
To show the world the way.

He saw celestial Peace in mortal guise,
And, filled with hope and thrilled with high emprise,
Lifting its tranquil forehead to the skies,
A vast republic rise.
He saw, beyond the hills of golden corn,
Beyond the curve of Autumn's opulent horn,
Ceres and Flora laughingly adorn
The bosom of the morn.

He saw a cloth of gold across the gloom,
An arabesque from Evolution's loom,
And from the barren prairie's driven spume
Imperial cities bloom.

He saw an iron dragon dashing forth
On pathways East, and West, and South and North,
Remotest ends of earth.

He saw the lightings run an elfin race,
Where trade and love and pleasure interlace,
And severed friends in Ariel's embrace

Communing face to face.

He saw Relief through deadly dungreons grope;
Foes turn to brothers, black despair to hope,
And cannon rust along the grass – grown slope,
And rot the gallows rope.

He saw the babes on Labor's cottage floor,
The bright walls hung with luxury more and more,
And Comfort, radiant with abounding store,
Wave welcome at the door.

He saw the myriad spindles flutter round;
The myriad mill wheels shake the solid ground;
The myriad homes where jocund joy is found;
And love is throned and crowned.

He saw exalted Ignorance under ban,
Through panoplied in force since time began,
And Science, conscecrated, lead the van,
The Providence of man.

The pictures came and paled and passed away,
And then the Admiral turned asfrom a trance,
His lion face aglow, his luminous eyes
Lit with mysterious fire from hidden suns;
Now, Martin, to thy waiting helm again!
Haste to the Pinta! Fill her sagging sails;
For on my soul hath dawned a wondrous sight.

Lo! – through this segment of the watery world
Uprose a hemisphere of glorious life! –
A realm of golden grain and fragrant fruits,

And men and women wise and masterful,
Who dwelt at peace in rural cottages
And splendid cities bursting into bloom –
Great lotus blossoms on a flwery sea,
And happiness was there, and bright – winged
Hope –
High Aspration, soaring to the stars!
And then methought, O Martin! through the storm
A million faces turned on me and smiled

Now go we forward – forward – fear avaunt!
I will abate no atom of my dream,
Though all the devils of the ungerworld
Hiss in the sails and grapple to the keel!
Haste to the Pinta! Westward keep her prow,
For I have had a vision full of light!
Keep her prow westward in the sunset's wake
From this hour hence and let no man look back!

"Then from the Pinta's foretop fell'a cry –
A trumpet – song, "Light – ho! Light – ho! Light – ho!"

3. 세계박람회가 남긴 유산

　세계박람회가 남긴 유산은 많다. 예를 들면 1962 시애틀 세계박람회는 자동판매기, 모노레일을 남겨 주고 있다. 우리나라도 '93 대전 엑스포에 이어 2번째로 2012 여수 세계박람회를 개최한다. 과연 2012 여수 세계박람회가 지구상 온 인류에게 남겨 줄 유산은 무엇일까? 1992년 세비아 세계박람회 독일 전시관이 베를린 장벽을 전시하여 세계 인류에게 잊지 못할 세기의 사건으로 일깨워 준 적이 있다. 2012 여수 세계박람회가 남겨 줄 유산은 독일 전시관처럼 남북 분단의 상징인 '휴전선 155마일 붕괴'를 전시관에 전시할 수 있는 때라면 얼마나 좋을까? 세계 사람들의 머릿속에 두고두고 잊어버리지 않을 박람회가 될 것이다.

연대	세계박람회명	유산
1851	런던 세계박람회	금속과 유리로 최초의 거대 빌딩(수정궁), Colt권총, Mc Comick수확기,Kor-i-Nor다이몬드(인도), 개스레인지, 기타 산업용 기계
1853	뉴욕 세계박람회	Elisha Graves Otis엘리베이터
1855	파리 세계박람회	Singer 바느질 기계, Ruolz은도금 최초 예시
1862	런던 세계박람회	Babbage 계산기, Bessemer강철 제조 과정
1967	파리 세계박람회	Krupp의 50t 강철대포, 모스 전보기, 참가국 독립관 부여 시작
1876	필라델피아 세계박람회	최초 타이프라이트, Alexander Graham Bell의 전화기, 축음기, Edison의 같은 호로로 쓰는 전보기, Bartholdi의 자유의 상(앞팔과 불꽃)
1878	파리 세계박람회	Motor Ship 리버티호 가동, 수족관, 축음기, 냉장고
1889	파리 세계박람회	에펠탑, 개소린 자동차, 내부를 철로 조여 만든 지붕으로 덮은 기계실
1893	콜럼비아 세계박람회	회전식 관람차(Ferris Wheel)
1900	파리 세계박람회	최초 영화 상영, 철도
1904	루이지애나 매수기념 세계박람회	비행기, 무선전신기, 아이스크림콘
1915	파나마 태평양 세계박람회	초초 자동차 도로망(Ford), Kodachrome사진 찍기, 스턴트(묘기 날기)
1929	바르셀로나 세계박람회	여유 있는 쾌적한 독일 전시관, Bauhaus school의 Ludwig Mies van Rohe에 의한 현대건축의 이정표
1933	시카고 세계박람회	처음 주제부여, 공기보다 가벼운 기능(10월 26일 공기 위에 뜬 Graf Zeppelin)
1939	뉴욕 세계박람회	텔레비전(RCA 전시)
1939	샌프란시스코	국제박람회 황금의 열쇠, 원자 에너지(원자핵 파괴장치 모델)
1964	뉴욕 세계박람회	전기 컴퓨터 기술, 전송 사진기, 나일론, 플라스틱
1970	오사카 세계박람회	月石, 공기압력으로 부분적으로 지탱되는 넓은 지붕(미국 전시관)
1974	스포케인 세계박람회	최초로 세계박람회가 환경 주제 채택(주제: Celabrating Tomorrow's Fresh, New Environment)
1985	츠쿠바 세계박람회	로버츠의 발전

Appendixes

World Expositions: Perade from Great Exhibition to Expo Milano 2015−Italy

by Lee Min Sik

※ The Origins of Photo was recorded as sign into parenthesis.

1. Table of Contents

Korea on the Panel in Administration Building

7) Activities of Chung Kyung Won in Chicago Columbian World's Exposition

8) Universelle et Internationale Paris 1900 and Exhibition of Korea

① First France World Exposition

② Universelle et Internationale de Paris 1900 and Display of Korea

③ Exposition Français et Internationale of 1902~03(1902~03 Hanoi Expo) and Anglo−Japanese Exposition

9) 1958 Brussels Universal and International Exposion

10) 1962 Seattel World's Fair of Space Needle

11) 1964~65: New York World's Fair through Understanding

12) Montreal Expo 67: Universal and International Exhibition and Canada's First World's Fair

13) San Antonio Hemis Fair 68

14) Expo Osaka Japan World Exposition

15) Spokane World's Expo 74 for an Environmental Theme and Display of Korea

16) 1975~76: Okinawa International Ocean Exposition

17) 1982 World's Fair: Knoxville International Energy Exposition and Korean Day

18) 1984: Louisiana World Exposition on Bank of River Mississippi

19) Blue−Green Earth Will always be our Home: The International Exposition, Tsukuba Japan 1985

20) Vancouver Expo 86: The 1986 World Exposition that Prince Charles and His Wife Diana participated

21) International Exposition on Leisure in the Age of Technology, Brisbane, Australia, 1988 for Comemorating Australia's Bicentennial Settlement

① First World Expo in Australia

② International Exposition and Leisure in the Age of Technology, Brisbane, Australia 1988

22) 1992 Seville Columbus Quincentennial Exposition

23) Genoa Colombo 92 of the Boat and Sea

24) Process and Pavilions of Daejon Expo 93

25) Daejon Expo 93 and Exhibition of Korean Data in Chicago Colum — bian World's Exposition

26) 1988 Lisbon World Exposition for Commorating the 500th Anni — versary of Vasco da Gama's Discovery of the Sea Route to India

27) Hanover Expo 2000 for Man, Nature, and Technology

28) 21 Centry Expo

2. Abstract in English

The first world expo was opened in the Crystal Palace which had been constructed on Hyde Park by Joseph Paxton in May 1, 1851. It could open on it, because Queen Victoria's husband, Prince Albert had supported through English Society of the Arts. In open day, Queen Victoria participated in Crystal Palace with her husband. 28 Nations sent many exhibits to the Crystal Palace. Famous exhibits was the McComick reaper, colt, the Koh — i — nor diamond, and the gas range, etc. It was closed in October 15, 1851. It is called the great Exhibition of the Works of Industry of All Nations commonly referred to as the Great Exhibition of 1851 or the Crystal Palace Exhibition. After opening of the exposition, world expo have already opened to 2000. After Hanover Expo, it opens The 2005 World Exposition in Japan, 2008 Expo, and Expo 2010 Shanghai China. In 2012 it will open World Exposition in Yeousu, Korea. The Second Expo on the history of mankind was opened on Dublin and New York in 1853. They constructed pavilions on the model of Crystal Palace. They was opened in May 12 and July 14, 1853. After 1853 New York Expo(Exhibition of the Industry of All Nations), the United States of America was famous country which opened in the largest numbers of world expo on the world history. For example, it is as follow. Philadelphia Centennial Exhibition(1876), Chicago Columbian World's Exposition(1893), Panama – Pacific International Exposition(1915), A Century of Progress, Exposition(1933~36), New York World's Fair(1939~40), Golden Gate International Exposition(1939~40), 1962 Seattle World's Fair, 1964~1965: New York World's Fair, Hemis Fair '68, Spokane Expo 74 World's Fair, The 1982 World's Fair: Knoxville International Energy Exposition, 1984: New Oreans Louisiana World Exposition.

In the midst of them, we must just remember Chicago Columbian World's Exposition, because Korea partipated on the World expo history at first. Korean Commissioner Chung Kyung Won participated in Court of Honor in front of Administration building on the ground with counsellor of Korean legation Ye Sung Soo, Horace N. Allen and 10 Korean traditional musicians, etc. in open day in May 1, 1893. They heard President Grover Cleveland's Speech, 'Prophecy' by William A. Croffut having been sung by Miss Jesse Couthoi, Hallelujah by Handel. As soon as the ceremony ended, they moved into the front of the pavilion of the United States of America in Manufactures and Liberal Arts building. There they met President Grover Cleveland. President made a shake hand with him, and embraced him in his arms. Just at the moment, Korean traditional musicians played korean music. This is very important, because it is historical moment that Korean culture introduced to occidental world at first. Ye Sung Soo and Chung Kyung Won invited foreign commissioners into Auditorium Hotel, and held a feast in September 5, 1893. The Invitation is as follow.

We must remember Exposition Universelle et Internationale de Paris 1900 and 1902~03 Hanoi Expo. In Exposition Universelle et Internationale de Paris 1900, Korea sent Min Yong Chan as Commissioner to Paris in the spring in 1900. Also we must recognize 1910 Anglo−Japanese Exposition which Korea participated in last expo for the period of Chosen. The world expo stopped at the Golden Gate International Exposition(1939~40), because of World war Ⅱ. After World war Ⅱ had ended in 1945, world expo opened again in Brussels in 1958. Korea did not send commissioner to the Expo. In 1962, world expo opened in Seattle. Korea participated in it without missing chance. International Exposition on Leisure in the age of Technology, Brisbane, Australia, 1988 opened on Brisbane in Australia. It was world expo to memorize settlement of Sydney Cove(Sydney Harbour) by Arthur Philip in 1788. In 1993, world expo opened in Daejeun, Korea. It was centennial expo for the participation of Korea of Columbian World's Exposition in 1893. Korea constructed Tower of Great Light in the site. In 2000, BIE opened the world expo in Hanover.

Aich expo opened in Aich, Japan in 2005. The ground situated in Toyota, Nagagute, and Seto. At present Shanghai Expo, China is opening in May18,

2010. Then Koreans had most exciting event for many years. It was that BIE decided the 2012 expo site to open at Yeousu, Korea in 2007. So Koreans now have many interests to open, and are trying to construct the expo site under the auspices of their government and BIE.

찾아보기

이민식 ─────────────────────────

▌약력

 경북 의성 출생
 고려대학교 사학과 졸업
 한미관계사 전공 박사
 한신대학교 강사
 한국교원대학교 강사
 대림대학 교수
 한국사상문화학회 이사
 대림대학 재단이사
 황조근정훈장
 E-Mail: historiea@dreamwiz.com
 H · P: 010-9989-6115

▌저서

『한국사의 실체』
『여명기초 한미관계사 연구』
『最近史에 비친 韓國의 實體』
『근대한미관계사』
『세계박람회와 한국』
『개회기의 한국과 미국 관계』
『한국민족사의 실체』

▌논문

「미시건 湖畔 세계박람회에서 전개된 개화문화의 한 장면」
「여수 엑스포 문제를 계기로 살펴본 세계박람회와 한국」
「우리나라가 처음 참가한 세계박람회에 대한 연구」
「역사의 현장에서 전개된 한국과 세계박람회」
「보빙사 민영익의 보스턴 박람회 관람기」
「Korea로 처음 참가한 콜럼비아 세계박람회」
「콜럼비아 세계박람회에서의 문산 정경원의 활동」
 외 다수

세계박람회란
무엇인가?

초판인쇄 | 2010년 6월 24일
초판발행 | 2010년 6월 24일

지 은 이 | 이민식
펴 낸 이 | 채종준
펴 낸 곳 | 한국학술정보㈜
주   소 | 경기도 파주시 교하읍 문발리 파주출판문화정보산업단지 513-5
전   화 | 031) 908-3181(대표)
팩   스 | 031) 908-3189
홈페이지 | http://ebook.kstudy.com
E-mail | 출판사업부 publish@kstudy.com
등   록 | 제일산-115호(2000. 6. 19)

ISBN   978-89-268-1099-6 93980 (Paper Book)
        978-89-268-1100-9 98980 (e-Book)

내일을여는지식 은 시대와 시대의 지식을 이어 갑니다.